Verfahrenstechnik in Einzeldarstellungen

Herausgegeben von Dr.-Ing. J. Spangler und Dr.-Ing. W. Matz

13

Die Belastungsverhältnisse in Füllkörpersäulen

unter Destillationsbedingungen

Von

Dr. H. Stage und Dr. K. Bose
Köln-Niehl Köln-Niehl

Mit 60 Abbildungen

Springer-Verlag
Berlin/Göttingen/Heidelberg
1962

D 82 (Diss. T. H. Aachen)

Softcover reprint of the hardcover 1st edition 1962
Library of Congress Catalog Card Number 62-16948

ISBN-13: 978-3-540-02917-5 e-ISBN-13: 978-3-642-45996-2
DOI: 10.1007/978-3-642-45996-2

Vorwort

Während seit mehr als 2000 Jahren zum Stoffaustausch zwischen aufsteigenden Dämpfen und herablaufender Flüssigkeit zunächst vor allem Rieselkolonnen herangezogen wurden, benutzt man heute hierfür bevorzugt die viel jüngeren Boden- und Füllkörpersäulen, die beide erst im Verlaufe des 19. Jahrhunderts geboren wurden. Die Bodenkolonnen gehen auf CELLIER-BLUMENTHAL zurück, der sie bereits zu Beginn des vorigen Jahrhunderts zu hoher Vollkommenheit entwickelte. In der Folgezeit wurde dieser Kolonnentyp nicht nur apparativ verbessert, sondern gleichzeitig wurden auch die Grundlagen seiner Arbeitsweise sowohl experimentell als auch vom theoretischen Standpunkt aus im Hinblick auf die Art des Stoffaustausches eingehend untersucht. Hiervon zeugen neben einer Fülle von Zeitschriftenveröffentlichungen und Patentschriften zahlreiche zusammenfassende Darstellungen in Buchform.

Ganz anders liegen die Verhältnisse für Füllkörperkolonnen. Säulen mit Schüttfüllungen wurden in die Technik durch ILGES 1873 eingeführt. Gegenüber Bodenkolonnen konnten sie sich erst behaupten, nachdem sich RASCHIG durch die Entlassung eines Chemikers veranlaßt fühlte, das Geheimnis seines Erfolges mit dem von ihm entdeckten und seither nach ihm benannten Raschig-Ring zu veröffentlichen. Rückblickend ist es interessant, daß die technische Füllkörpersäule auf dem Gebiet, für das sie ihr Erfinder ILGES benutzte – nämlich dem der kontinuierlichen Trennung engsiedender Gemische – auch heute noch nur ungern Verwendung findet. Der Grund liegt in ihrer durch den geringen Arbeitsinhalt bedingten Neigung zur Instabilität. Das Verdienst RASCHIGS besteht nicht nur in der Erfindung der nach ihm benannten Ringe, sondern liegt vor allem in der weisen Beschränkung der mit ihnen durchgeführten Aufgaben. RASCHIG setzte seine Säulen für diskontinuierliche Trennungen ein und erzielte so ungeahnte Reinheiten.

Der Füllkörpersäule sind hinsichtlich ihres Arbeitsbereiches von Natur aus verhältnismäßig enggezogene Grenzen gesetzt. Will man mit ihr Erfolg haben, so darf man diese Grenzen nicht überschreiten. RASCHIG bewegte sich als erster innerhalb des günstigen Bereiches, ohne wohl selbst die Grenzen genau gekannt zu haben. Die von ihm vorgeschlagene Form ist jedenfalls nur eine dieser Bedingungen. Erst viel später wurden vor allem durch die gründlichen und umfangreichen Untersuchungen von Kirschbaum und seiner Schule diese Grenzen genauer untersucht und die zulässigen Arbeitsbereiche näher beschrieben.

Infolge ihrer gegenüber Bodenkolonnen einfachen und damit kostensparenden Bauweise haben sich die Füllkörpersäulen schnell ein weites Anwendungsfeld erobern können. Heute werden sie für die verschiedensten Aufgaben des Gegenstromstoffaustausches von Destillations-, Absorptions-, Extraktions- oder Reaktionsvorgängen eingesetzt. Da aber bisher vielfach unklare Vorstellungen über die Grenzen ihres Einsatzbereiches herrschen, werden ihnen immer wieder Aufgaben zugemutet, die sie ihrer Natur nach nicht erfüllen können. Es ist daher nicht verwunderlich, daß sich immer wieder Mißerfolge beim Einsatz von Füllkörpersäulen einstellen. Unsere Kenntnisse über Füllkörpersäulen sind trotz vieler, in der Zwischenzeit durchgeführter experimenteller Untersuchungen heute noch sehr mangelhaft. Gibt es doch über Füllkörpersäulen bisher nur eine ausführliche geschlossene Darstellung, nämlich das von Leva verfaßte Buch „Tower packings and packed tower design" [*93*][1]. Über den Einfluß der Gemischeigenschaften, wie Dichte, Viskosität oder Oberflächenspannung, der Betriebsbedingungen, wie Rücklaufverhältnis oder Art der Flüssigkeitsverteilung und der Füllkörperform oder Oberflächenbeschaffenheit auf Wirksamkeit und Belastbarkeit ergeben sich gerade nach den zahlreichen Untersuchungen der letzten Jahre sehr unterschiedliche Schlußfolgerungen. Es bedurfte daher dringend eines kritischen Vergleichs der verschiedenen Ergebnisse unter einheitlichen Gesichtspunkten.

Da wir uns bereits seit vielen Jahren mit der experimentellen Untersuchung von Füllkörpersäulen und insbesondere mit der Übertragung der in Laborkolonnen gewonnenen Ergebnisse auf Großanlagen befassen, hatte für uns dieser Fragenkomplex von jeher eine besondere Bedeutung. Während wir uns in früheren Untersuchungen hauptsächlich mit der Wirksamkeit von Füllkörpersäulen befaßten, wollen wir mit der vorliegenden Arbeit einen Beitrag zur Frage der Belastbarkeit und ihrer Vorausberechnung liefern. Ziel dieser Untersuchungen sollte es vor allem sein, die sich vielfach widersprechenden Ergebnisse der bisher durchgeführten Arbeiten miteinander in Einklang zu bringen.

Abschließend möchten wir den Herren Dr.-Ing. J. Spangler und Dr.-Ing. W. Matz als Herausgeber dieser Reihe für das Interesse an der Arbeit unseren Dank aussprechen. Dem Springer-Verlag danken wir für die gute Ausstattung und das Eingehen auf alle unsere Wünsche.

Köln-Niehl, im Frühjahr 1962
Emderstr. 10

Hermann Stage · Kalyanmoy Bose

[1] Die zwischen eckigen Klammern stehenden Zahlen verweisen auf das Schrifttum am Schluß des Buches (s. S. 108ff.).

Inhaltsverzeichnis

Erläuterung der benutzten Zeichen

Zeichen	Erläuterung	Dimension
c	Multiplikative Konstante	– (empirisch)
d	Durchmesser	m
d_p	Mittlerer Durchmesser eines Füllkörperteilchens	m
f	Reibungsfaktor (nach X. FANNING)	$\frac{\mathrm{sec}^2}{\mathrm{m}}$
f'	Reibungsfaktor	– (empirisch)
$f(x)$	Funktion von x	
g	Erdbeschleunigung	$9{,}80665\ \frac{\mathrm{m}}{\mathrm{sec}^2}$
h	Füllhöhe	m
k	Konstante	– (empirisch)
k	Mittlere Wanderhebung in rauhen Rohren	m
k_a	Widerstandszahl (nach W. BARTH)	1
k_b	Widerstandszahl (nach E. MACH bzw. W BARTH)	– (empirisch)
k	Widerstandszahl benetzter Füllkörper (nach E. MACH)	– (empirisch)
k_t	Widerstandszahl trockener Füllkörper (nach E. MACH)	– (empirisch)
l	Länge (eines Rohres)	m
n	Exponent	
r	Radius	m
r_h	Hydraulischer Radius	m
v	Geschwindigkeit	$\frac{\mathrm{m}}{\mathrm{sec}}$
$\bar{v}$	Mittlere Geschwindigkeit	$\frac{\mathrm{m}}{\mathrm{sec}}$
v_{eff}	Tatsächliche Geschwindigkeit	$\frac{\mathrm{m}}{\mathrm{sec}}$
x	Abszissenwert	
y	Ordinatenwert	
A_f	Wandfaktor (nach C C FURNAS u. H. G. HANDS)	1
A_e	Benetzungsfaktor (nach H. G. HANDS)	1
A_p	Füllkörperfaktor (nach H. G. HANDS)	1
B	Berieselungsmenge, Flüssigkeitsbelastung	$\frac{\mathrm{m}^3}{\mathrm{m}^2 \cdot \mathrm{h}}$
F	Fläche, Querschnittsfläche	m^2
G	Gasbelastung	$\frac{\mathrm{kg}}{\mathrm{m}^2 \cdot \mathrm{h}}$
G	(als Index) Gasförmige Phase	

Zeichen	Erläuterung	Dimension
H	Kolonneninhalt (Hold up) bezogen auf 1 m^3 Kolonnenvolumen	$\frac{m^3}{m^3} = 1$
K	Konstante fur Koksfullkorper (nach GARDNER [*49*])	1
L	(als Index) Flussige Phase	
L	Flussigkeitsbelastung	$\frac{kg}{m^2 \cdot h}$
M	Molekulargewicht	1
O	Fullkorper-Oberfläche, bezogen auf 1 m^3 Full-Inhalt	$\frac{m^2}{m^3} = m^{-1}$
O_t	Totale Fullkorper-Oberfläche	m^2
O_w	Benetzte Fullkorper-Oberflache	m^2
P	Druck	$\frac{kg}{m \cdot sec^2}$
Q	Durchflußvolumen	m^3
R	Universelle Gaskonstante	$8{,}313 \frac{kg \cdot m^2}{sec^2 \cdot Grad}$
Re	REYNOLDSsche Zahl	1
T	Absolute Temperatur	Grad
U	Umfang	m
V	Volumetrische Gasbelastung	$\frac{m^3}{m^2 \cdot h}$
W	(als Index) Wasser	
α	Konstante (nach M LEVA)	– (empirisch)
β	Konstante (nach M. LEVA)	– (empirisch)
Δp	Druckverlust, Differenzdruck	$mmWS = \frac{kp}{m^2}$
ΔP	Druckdifferenz	$\frac{kg}{m \cdot sec^2}$
ε	Anteil des freien Raumes, d. i. $= \frac{\text{Gesamtvolumen} - \text{Fullkorpervolumen}}{\text{Gesamtvolumen}}$	1
ζ	Widerstandsbeiwert (nach E. DOERING)	1
λ	Widerstandsziffer (nach L. PRANDTL)	1
μ	Dynamische Viskositat	$\frac{kg}{m \cdot sec}$
ξ	Stromungsfaktor (nach E. KIRSCHBAUM)	1
ϱ	Dichte	$\frac{kg}{m^3}$
σ	Oberflachenspannung	$\frac{1}{1000} \frac{kg}{sec^2} = \frac{dyn}{cm}$
ψ	Widerstandsbeiwert (nach E. DOERING)	1

Übersicht und Aufgabenstellung

Untersuchungen über die Belastungsverhältnisse in Füllkörpersäulen unter Destillationsbedingungen

Über die Belastungsverhältnisse in Füllkörpersäulen liegen zahlreiche Untersuchungen und theoretische Abhandlungen vor, die sowohl nicht nur unabhängig, sondern vorwiegend ohne Bezug zueinander durchgeführt worden sind, als auch durchweg nur jeweils Teilgebiete innerhalb eines engen Bereiches betreffen.

Aufgabe der vorliegenden Arbeit sollte es sein, die wichtigsten Arbeiten der bisher erschienenen Literatur möglichst vollständig zu erfassen und einem festen Platz im großen Gebiet der Belastungsverhältnisse zuzuweisen. Es sollte ferner versucht werden, Gesetzmäßigkeiten aufzuspuren und moglichst auch rechnerisch zu erfassen. Die dadurch sich ergebenden formelmäßigen Ausdrücke waren auf ihre Gültigkeit durch eigene Messungen zu uberprüfen. Besonderer Wert sollte darauf gelegt werden, die Verhältnisse im Hinblick auf die Destillation zu untersuchen, so daß nicht nur ein Beitrag zur Theorie der Erscheinungen geleistet, sondern insbesondere eine Anwendbarkeit in der Praxis ermöglicht werde.

1. Theoretische Grundlagen: Stoffbewegungen in Austauschsäulen

1.1 Die treibende Kraft des Stoffaustausches

In fast allen Zweigen der chemischen Industrie ist es eine Aufgabe von hervorragender Bedeutung, verschiedene Phasen im Gegenstrom miteinander in Berührung zu bringen. Hierher gehören sowohl rein physikalische Austauschvorgange wie Destillation, Extraktion und Absorption als auch chemische Reaktionen im Gegenstrom wie z. B. Veresterung, Spaltung, Hydrierung, Oxydation usw. Bei allen diesen Vorgangen findet ein Stofftransport von einer Phase in die andere auf dem Wege der Diffusion statt. Die Geschwindigkeit des Stofftransportes innerhalb einer Phase wird durch deren Stromungscharakter bestimmt. Soweit sich die Phase in turbulenter Bewegung befindet, darf man annehmen, daß sich die aus der Thermodynamik abgeleiteten Gleichgewichtsbeziehungen fur Destillations-, Extraktions- und Absorptionsvorgänge nach Überwindung des sogenannten Grenzwiderstandes praktisch momentan einstellen. Anders liegen die Verhältnisse bei chemischen Gegenstrom-Reaktionen: Die miteinander in Kontakt gebrachten Molekeln konnen nur so weit miteinander reagieren, wie dies mit den Gesetzen der Reaktionskinetik in Einklang steht. Wahrend beim physikalischen Vorgang die Austauschgeschwindigkeit praktisch ausschließlich durch den Stromungscharakter der Phasen, die Große der Austauschoberfläche und den Grenzwiderstand bestimmt wird, muß bei chemischen Reaktionen zusätzlich noch die Austauschbereitschaft berücksichtigt werden. Sie findet ihren Ausdruck in der Reaktionsordnung und der Gleichgewichtskonstanten. Der Stofftransport von einer Phase in die andere erfolgt jedoch auch hier auf dem Wege der Diffusion durch die Phasengrenze und ist mithin den gleichen Gesetzen unterworfen.

Da bei chemischen Reaktionen das Reaktionsgleichgewicht den Austauschvorgangen uberlagert ist, laßt sich das Wesen des Stofftransportes von einer Phase in die andere besser an rein physikalischen Austauschvorgangen wie Destillation, Extraktion und Absorption untersuchen.

Der Vorgang des Stofftransportes beim Austausch soll am Beispiel der Rektifikation erlautert werden. Bei der Rektifikation haben wir es mit einer schweren flussigen und einer leichten dampfformigen Phase zu tun. Durch unmittelbare Beruhrung der gegeneinander sich bewegenden Phasen – namlich der aufsteigenden Dampfe und einem etwas kalteren, herablaufenden Flüssigkeitsgemisch aus den gleichen Bestandteilen – erfolgt eine teilweise Verflussigung des Dampfes und eine entsprechende Verdampfung der flussigen Phase. Im Gleichgewichtszustand ist der Zusammenhang zwischen den Zusammensetzungen beider Phasen durch die Dampf-Flüssigkeit-Gleichgewichtsbeziehung bestimmt.

Zum Gegenstromaustausch zwischen der herablaufenden Flüssigkeit und dem aufsteigenden Dampf bedient man sich der sogenannten „Kolonnen" oder „Trennsaulen". Unter einer „Rektifikationskolonne" versteht man ein zwischen Verdampfungsgefaß und Kondensator angeordnetes senkrechtes Rohr (Abb. 1), das zur Vergroßerung der Austauschflache meist mit entsprechend wirksamen Einbauten, wie z B Kolonnenboden oder Fullkorpern, versehen wird. Im einfachsten Fall besteht die Kolonne aus einem senkrecht stehenden, leeren Rohr, in das unten die leichte und oben die schwere Phase gegeben wird. Ein Gegenstrom der Phasen kann nur stattfinden, wenn sich beide Phasen in ihrer Dichte unterscheiden. Die treibende Kraft fur die gegenlaufige Bewegung beider Phasen ist daher proportional ihrer Dichte-Differenz Diese ist gewissermaßen der Motor, der die austauschenden Phasen gegeneinander in Bewegung bringt. Zwischen beiden Phasen tritt im Sinne des 2. Hauptsatzes der Warmelehre solange ein Stofftransport ein, bis die partielle molare freie Energie aller Stoffe an allen Stellen gleich groß ist. Beobachten wir zwei sich senkrecht gegeneinander bewegende Phasen, so vollzieht sich im Idealfall dieser dem Diffusionsgesetz unterworfene Stoffaustausch senkrecht zur Strömungsrichtung. Befinden sich Dampf und Flüssigkeit in turbulenter Bewegung, so darf man annehmen, daß inner-

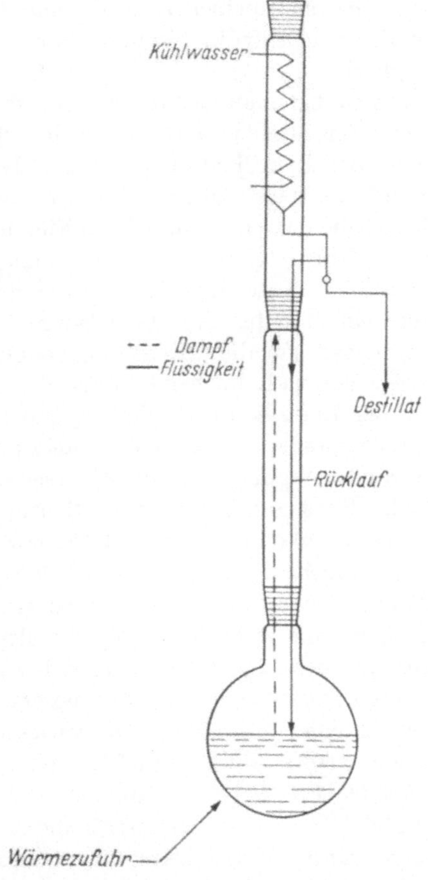

Abb. 1. Schema einer Destillierkolonne

halb des turbulenten Bereiches beider Phasen praktisch keine Konzentrationsunterschiede bestehen. Der turbulente Bereich, in dem Konzentrationsgleichheit herrscht, hat etwa die Dimension der Phasendicke. Da es der Sinn der Rektifizierkolonne ist, gerade möglichst große Konzentrationsunterschiede zu erzielen, muß der turbulente Bereich innerhalb einer Phase möglichst klein gehalten werden, damit ein Konzentrationsausgleich in senkrechter Richtung vermieden wird. Dieser Forderung entsprechen möglichst dünne Phasenschichten. Bei Füllkörpersäulen unterliegt die Geschwindigkeit, mit der sich die flüssige Phase nach unten bewegt, den Fallgesetzen. Hieraus folgt, daß sich eine Steigerung der Dampfgeschwindigkeit bei konstantem Rücklaufverhältnis immer nur in einer entsprechend größeren Filmdicke der herablaufenden Flüssigkeit auswirken kann. Dies ist jedoch gleichbedeutend mit einer Verlangsamung des Stoffaustausches sowie einer Vergrößerung des turbulenten Bereiches mit gleicher Konzentration und kommt damit einer Wirksamkeitsverschlechterung gleich.

An der Beruhrungsfläche hat man gemäß der PRANDTLschen Grenzschicht-Theorie mit je einer laminaren Grenzschicht für Dampf und Flüssigkeit zu rechnen. Bei Rektifikationsvorgängen herrscht an der Beruhrungsfläche die für beide Phasen gleiche Beruhrungstemperatur T_0, so daß an dieser Stelle sich die zwischen Dampf und Flüssigkeit nach dem Phasengleichgewicht ergebenen Konzentrationen einstellen konnen. Konzentrationsdifferenzen innerhalb einer Phase treten dann nur in dem Grenzfilm auf. Sie sind ein Maß für die übergehende Stoffmenge von einer Phase in die andere sowie für die Abweichung vom Gleichgewichtszustand. Diese Vorgänge veranschaulichende Darstellungen werden in fast allen Lehrbüchern der Rektifikationstechnik gegeben [*78*].

Beim Gegenstromstoffaustausch haben wir es also mit zwei grundsätzlich verschiedenen Stoffbewegungen zu tun: einerseits mit der gegenlaufigen Strömung beider Phasen in senkrechter Richtung, andererseits mit der des Stoffaustausches auf dem Wege der Diffusion in horizontaler Richtung. Trotz dieser Unterschiede hängen jedoch beide eng zusammen. Je großer die gegenläufige Bewegung beider Phasen ist, desto dunner wird die Phasengrenzschicht, um so leichter und schneller vollzieht sich dann der Stofftransport in horizontaler Richtung. Über das Wesen des horizontalen Stoffaustausches in Trennsaulen wurden gerade in neuester Zeit eingehende Untersuchungen ausgeführt. Hingewiesen sei insbesondere auf die Arbeiten von STUKE [*156*], EDYE [*36*] und anderen [*22, 25, 26, 48, 53, 54, 70, 83, 87–90, 137, 143–147, 157, 162, 169*]. Die Verfasser setzen sich vor allem mit der Frage auseinander, ob und in welcher Große der Austauschwiderstand auf der Flüssigkeits- oder Gasseite des Grenzfilmes zu suchen sei. Soweit diese Untersuchungen an Fullkörpersäulen vorgenommen wurden, enthalten die Arbeiten aber nur sparliche Angaben über die Beeinflussung des horizontalen Stoffaustausches durch die gegenlaufige Bewegung beider Phasen in senkrechter Richtung. Als Einflußgroßen kommen in Betracht: die Geschwindigkeit beider Phasen, das Rücklaufverhältnis, die Flussigkeits- und Gasverteilung uber den Querschnitt, der Destillationsdruck sowie die physikalischen Eigenschaften von Gas und Flüssigkeit. Bevor man aber allgemein gultige Aussagen machen kann uber die Beeinflussung des horizontalen Stoffaustausches durch die die vertikale Stoffbewegung beeinflussenden Faktoren, muß man zunächst die Gesetze kennen, denen die gegenläufige Bewegung der beiden austauschbaren Phasen ausgesetzt ist.

1.2 Die Belastungsverhältnisse in Füllkörpersäulen als Entwicklungsstand und Aufgabenstellung

Über die Belastbarkeit und die Belastungsgrenze von Füllkörpersäulen liegen bereits zahlreiche Untersuchungsergebnisse vor, so insbesondere die grundlegenden Arbeiten von KIRSCHBAUM und seiner Schule [*28, 69, 72–77, 79, 81, 82*], SHERWOOD und Mitarbeitern [*142*], NORMAN [*117*], HANDS und WHITT [*58, 59*], ELGIN [*37*], WHITE [*102*], LEVA [*93–97*] sowie FENSKE [*128*], ZENZ [*173, 174*] und NEWTON [*114, 115*]. Bei der Mehrzahl dieser Versuche wurde das System Wasser/Luft zur Testung benutzt. In einer Reihe physikalischer Kenngrößen weicht dieses System jedoch beträchtlich von denen der in der Mehrzahl der Fälle zu trennenden Gemische ab. So hat Wasser eine ungewöhnlich große Oberflächenspannung und die Luft eine sehr hohe Viskosität. Bei allen diesen Untersuchungen wurde der Druckverlust für ganz bestimmte, während einer Versuchsreihe gleichbleibende Flüssigkeitsbelastungen in Abhängigkeit von der Dampfgeschwindigkeit oder umgekehrt für ganz bestimmte Dampfbelastungen in Abhängigkeit von der Flüssigkeitsbelastung ermittelt. Eine der beiden Variablen Flüssigkeits- oder Dampfbelastung wurde also stets konstant gehalten. Diese Verhältnisse treffen nur für Absorptionsvorgänge zu, bei denen die Mengen der beiden miteinander in Austausch tretenden Phasen unabhängig voneinander in Kontakt gebracht werden. Ganz anders liegen jedoch die Verhältnisse bei Destillationsvorgängen. Eine Vergrößerung der aufsteigenden Dampfmenge bewirkt gleichzeitig eine entsprechende Vergrößerung der Rücklaufmenge. Dampf- und Flüssigkeitsbelastung bedingen sich also gegenseitig. Als eine neue Variable tritt hier das Rücklaufverhältnis auf, durch das bei seiner Änderung nicht allein das Verhältnis der Gas- zur Flüssigkeitsmenge variiert wird, sondern damit gleichzeitig auch der gesamte Stoff-Inhalt sich ändert und sich demnach völlig andere Belastungsverhältnisse ergeben. Hieraus möglicherweise folgernde Beziehungen oder Regelmäßigkeiten können aus den oben erwähnten Gas—Flüssigkeits-Versuchen unmittelbar nicht erkannt werden. Es ist ferner zu beachten, daß an zwei Orten in einer Destillationskolonne unterschiedliche Konzentrationsverhältnisse herrschen und daß weiterhin das Einsatzprodukt sich im Zustand des Siedens, meist bei erhöhter Temperatur, befindet und nicht zuletzt ein anderer Arbeitsdruck als der bei Normalbedingungen gewählt werden kann, so daß zu erwarten ist, daß sich die aus den Luft—Wasser-Versuchen abgeleiteten Beziehungen nicht ohne weiteres auf Destillationsvorgänge übertragen lassen.

Druckverlustmessungen unter Destillationsbedingungen sind bisher nur selten vorgenommen worden. Die Angaben der Literatur wurden, soweit sie zugangig waren, in Tab. 1 zusammengestellt. Dabei bezeichnen die in der Spalte „Kurve Nr.“ angegebenen Zahlen die in den Abb. 2 bis 8 gezeichneten Belastungskurven, die entsprechend den Daten der Literatur die Abhangigkeit des Differenzdruckes von der Dampfgeschwindigkeit angeben. Um eine bessere Übersicht zu gewinnen, wurden sie sowohl nach den zur Testung benutzten Fullkorpern (Abb. 2 bis 5) als auch nach den verwendeten Gemischen (Abb. 6 bis 8) ausgewertet. Man erkennt aus diesen Darstellungen, daß sich die von verschiedenen Autoren gewonnenen Ergebnisse nur schwer miteinander in Einklang bringen lassen. Berücksichtigt man weiter, daß die untersuchten Bereiche nur einen verhaltnismaßig kleinen Ausschnitt der fur Destillationen in Fullkorpersaulen in Betracht kommenden Moglichkeiten uberbrucken, so durfte uberdies eine Verallgemeinerung der gewonnenen Ergebnisse kaum moglich sein.

So erscheint es nicht nur wunschenswert, sondern unbedingt notwendig, das bereits vorliegende, aber bisher nicht in Einklang zu bringende experimentelle und theoretische Material von einer hoheren Warte aus zu betrachten und den so gewonnenen Standpunkt auf seine Brauchbarkeit experimentell zu uberprüfen. Damit ergibt sich eine Zweiteilung der Arbeit. Im ersten Teil soll versucht werden, eine Ordnung in die Vielfalt der Erscheinungen zu bringen, die dann im zweiten Teil experimentell auf ihre Verwendbarkeit zu untersuchen ist. Dabei soll das Hauptaugenmerk gerichtet werden auf die Beeinflussung der Belastungsverhaltnisse durch den Destillationsdruck, die physikalischen Eigenschaften der Gemischpartner, das Rücklaufverhaltnis oder allgemein ausgedrückt das Mengenverhaltnis der sich im Gegenstrom bewegenden Phasen, die Kolonnenlange und die Flussigkeitsverteilung.

Tabelle 1

Lfd Nr	Autor	Nr des Schrifttums-verzeichnisses	Fullkorperart	Ø der Kolonne in mm	Fullhohe in mm	Kurve Nr.	Destillierte Flussigkeit oder Gemisch	Arbeitsdruck in mmHg
1	C. O. Tongberg, D. Quiggle und M. R. Fenske	[*159*]	„U“ Type, Full-korper, Drahtnetz 4 × 6 mm	32	2740	*53*	Benzol/Tetrachlor-methan	760
		[*159*]	4 × 6 mm	32	2740	*52*	*n*-Heptan/Methyl-cyclohexan	760
		[*159*]	Singleturn Ni-Helices 4 mm	32	2740	*59*	„	760
		[*159*]	„	32	2740	*60*	Benzol/Tetra-chlormethan	760
		[*159*]	„	32	2740	*61*	Methylcyclo-hexan/Toluol	760
2	M. R. Fenske, S. Lawroski u. C. O. Tongberg	[*43*]	Kohlenstoff-Raschig-Ringe 12,7 × 12,7 mm	51	2590	*94*	*n*-Heptan/ Methylcyclohexan	760
		[*43*]	Steinzeug-Raschig-Ringe 9,5 × 9,5 mm	51	2043	*95*	„	760
		[*43*]	Kohlenstoff-Raschig-Ringe 6,4 × 6,4 mm	51	2043	*96*	„	760
		[*43*]	Aluminium Jack Chain	51	2043	*97*	„	760

Tabelle 1 (Fortsetzung)

Lfd. Nr.	Autor	Nr. des Schrifttums-verzeichnisses	Füllkörperart	Ø der Kolonne in mm	Füllhöhe in mm	Kurve Nr.	Destillierte Flüssigkeit oder Gemisch	Arbeitsdruck in mmHg
2	M. R. Fenske, S. Lawroski u. C. O. Tongberg	[*43*]	Aluminium Berlsattel 12,7 mm	51	2590	*98*	*n*-Heptan/ Methylcyclohexan	760
		[*43*]	Spiral-Füllkörper mit 1 Windung von 4,8 mm Ø aus Aluminium	51	2043	*99*	,,	760
		[*43*]	Carding Teeth 3,2 × 5,6 mm	51	2590	*100*	,,	760
3	E. Kirschbaum	[*72*]	Raschig-Ringe 25 × 25 mm	400	1000	*7*	Äthanol/Wasser	760
		[*72*]	Raschig-Ringe Porzellan, glatt 25 × 25 mm	400	1000	*6*	,,	760
		[*72*]	Raschig-Ringe Porzellan, rauh 35 × 35 mm	400	1000	*5*	,,	760
		[*72*]	Raschig-Ringe 8 × 8 mm	400	1000	*4*	,,	760
		[*72*]	Sattelkörper Porzellan, rauh 25 × 25 mm	400	1000	*112*	,,	760
		[*72*]	Vollkörper Porzellan 26 × 38 mm	400	1000	*113*	,,	760

Tabelle 1 (Fortsetzug)

Lfd. Nr.	Autor	Nr des Schrifttums-verzeichnisses	Füllkörperart	Ø der Kolonne in mm	Füllhöhe in mm	Kurve Nr.	Destillierte Flüssigkeit oder Gemisch	Arbeitsdruck in mmHg
4	E. KIRSCHBAUM	[*74*]	Raschig-Ringe 25 × 25 mm	400	1000	*8*	Äthanol/Wasser	760
		[*74*]	Raschig-Ringe 25 × 25 mm	400	4000	*9*	,,	760
		[*74*]	,,	400	1000	*10*	,,	100
5	E. KIRSCHBAUM	[*77*]	Raschig-Ringe glatt 8 × 8 × 1 mm	400	1000	*12*	,,	760
		[*77*]	Raschig-Ringe, glatt 15 × 15 × 2 mm	400	1000	*13*	,,	760
		[*77*]	Ringe, längs gerillt 25 × 25 × 3 mm	400	1000	*69*	,,	760
		[*77*]	Ringe, quer gerillt 25 × 25 × 3 mm	400	1000	*70*	,,	760
		[*77*]	Raschig-Ringe 15 × 15 × 2 mm	400	1000	*22*	,,	760
		[*77*]	Stern-Füllkörper 15 × 20 × 3 mm	400	1000	*71*	,,	760
		[*77*]	Raschig-Ringe 25 × 25 × 3 mm	400	1000	*11*	,,	760
		[*77*]	Spulen 25 × 20 × 3 mm	400	1000	*72*	,,	760

Tabelle 1 (Fortsetzung)

Lfd. Nr	Autor	Nr. des Schrifttums-verzeichnisses	Fullkorperart	Ø der Kolonne in mm	Fullhohe in mm	Kurve Nr.	Destillierte Flussigkeit oder Gemisch	Arbeitsdruck in mmHg
6	A. W. FISHER JR. u. R. J. BOWEN	[*44*]	Stedman-Korper 6″	152	3048	*65*	Benzol/1,2-Dichlorathan	760
		[*44*]	McMahon-Drahtnetz-Sattelkorper 1/4″	102	3048	*41*	,,	760
		[*44*]	McMahon-Drahtnetz-Sattelkorper 3/8″	102	3048	*42*	,,	760
		[*44*]	McMahon-Drahtnetz-Sattelkorper 1/2″	102	3048	*43*	,,	760
7	O. G. DIXON	[*33*]	Staybrite Rings 1/16″ (Drahtnetzkorper)	19	914	*54*	Isooctan	760
		[*33*]	Staybrite Rings 1/8″	19	914	*55*	,,	760
8	H. J. JOHN u. C. E. REHBERG	[*69*]	Drahtnetz mesh of screen 60 × 60 mm Fullkorpergroße 1/16 × 1/32″	17	305	*56*	*n*-Heptan/Methylcyclohexan	760
		[*69*]	Drahtnetz mesh of screen 80 × 80 mm Fullkorpergroße 28,6 mm	25	242	*57*	,,	760

Tabelle 1 (Fortsetzung)

Lfd Nr	Autor	Nr des Schrifttums-verzeichnisses	Fullkorperart	Ø der Kolonne in mm	Fullhohe in mm	Kurve Nr	Destillierte Flussigkeit oder Gemisch	Arbeitsdruck in mmHg
8	H. J. JOHN u. C. E. REHBERG	[*69*]	Drahtnetz mesh of screen 60 × 60 mm Fullkorpergroße 57,2 mm	51	279	*58*	*n*-Heptan/ Methylcyclohexan	760
9	M. R. CANNON	[*19*]	Cannon-Protruded Fullkorper 0,16 × 0,16″	51	786	*73*	,,	760
		[*19*]	Cannon-Protruded Fullkorper 0,16 × 0,16″	51	2160	*74*	,,	760
		[*19*]	Cannon-Protruded Fullkorper 0,24 × 0,24″	51	2134	*75*	,,	760
		[*19*]	Cannon-Protruded Fullkorper 0,16 × 0,16″	102	2412	*76*	,,	760
		[*19*]	Cannon-Protruded Fullkorper 0,24 × 0,24	102	2412	*77*	,,	760
10	R. T. STRUCK u. C. R. KINNEY	[*154*]	Raschig-Ringe 0,25″	19	813	*1*	,,	760
		[*154*]	Raschig-Ringe 0,25″	19	813	*2*	*n*-Dekan/trans-Dekalin	100

Tabelle 1 (Fortsetzung)

Lfd. Nr.	Autor	Nr. des Schrifttums-verzeichnisses	Fullkorperart	Ø der Kolonne in mm	Fullhohe in mm	Kurve Nr.	Destillierte Flüssigkeit oder Gemisch	Arbeitsdruck in mmHg
10	R. T. STRUCK u. C. R. KINNEY	[*154*]	Raschig-Ringe 0,25″	19	813	*3*	n-Dekan/trans-Dekalin	10
		[*154*]	Raschig-Ringe 0,25″	19	813	*44*	n-Heptan/ Methylcyclohexan	730
		[*154*]	McMahon-Draht-netz-Sattelkorper 0,25″	19	813	*45*	n-Dekan/trans-Dekalin	100
		[*154*]	McMahon-Draht-netz-Sattelkorper 0,25″	19	813	*46*	,,	50
		[*154*]	McMahon-Draht-netz-Sattelkorper 0,25″	19	813	*47*	,,	20
		[*154*]	McMahon-Draht-netz-Sattelkorper 0,25″	19	813	*48*	,,	10
		[*154*]	Singleturn Helices 5/32″	19	813	*30*	n-Heptan-Methylcyclohexan	730
		[*154*]	Singleturn Helices 5/32″	19	813	*31*	n-Dekan/trans-Dekalin	100
		[*154*]	Singleturn Helices 5/32″	19	813	*32*	,,	50
		[*154*]	Singleturn Helices 5/32″	19	813	*34*	,,	20

Tabelle 1 (Fortsetzung)

Lfd Nr	Autor	Nr des Schrifttums-verzeichnisses	Fullkorperart	Ø der Kolonne in mm	Fullhohe in mm	Kurve Nr.	Destillierte Flussigkeit oder Gemisch	Arbeitsdruck in mmHg
10	R. T. Struck u. C. R. Kinney	[*154*]	Singleturn Helices 5/32″	19	813	*33*	*n*-Dekan/trans-Dekalin	10
11	G. R. Schultze u. H. Stage	[*139*]	V2A-Wendeln 2 × 2 mm	24	600	*82*	Benzol/ 1,2-Dichloräthan	760
		[*139*]	V2A-Wendeln 4 × 4 mm	24	600	*83*	,,	760
		[*139*]	Glas-Raschig-Ringe 6,5 × 6,5 mm	24	600	*84*	,,	760
		[*139*]	Glas-Raschig-Ringe 4,5 × 4,5 mm	24	600	*85*	,,	760
		[*139*]	Glaskugeln 3 mm Ø	24	600	*86*	,,	760
		[*139*]	Glaskugeln 7,5 mm Ø mattiert	24	600	*87*	,,	760
		[*139*]	Glaskugeln 4 mm Ø mattiert	24	600	*88*	,,	760
		[*139*]	Porzellan-Raschig-Ringe 8 × 8 mm	24	600	*89*	,,	760

Tabelle 1 (Fortsetzung)

Lfd Nr	Autor	Nr des Schrifttums-verzeichnisses	Füllkörperart	Ø der Kolonne in mm	Füllhöhe in mm	Kurve Nr	Destillierte Flüssigkeit oder Gemisch	Arbeitsdruck in mmHg
11	G. R. SCHULTZE u. H. STAGE	[*139*]	Ton-Raschig-Ringe 10 × 10 mm	24	600	*90*	Benzol/ 1,2-Dichloräthan	760
		[*139*]	Glas-Spiralen 3 mm Ø 1–5 mm lang	24	600	*91*	,,	760
		[*139*]	Eisendrehspäne 1–3 mm Ø, etwa 2 mm breit	24	600	*92*	,,	760
		[*139*]	Porzellan Raschig-Ringe 5,5 mm Ø 5,5 mm lang	24	600	*93*	,,	760
12	H. KÖLLING	[*85*]	Stedman-Körper	29	1000	*66*	*n*-Heptan	760
		[*85*]	V2A-Wendeln 2 mm	29	1000	*35*	,,	760
		[*85*]	Glasringe 2 mm	29	1000	*36*	,,	760
		[*85*]	Prym-Ringe 2 mm	29	1000	*67*	,,	760
		[*85*]	Wendeln 3 mm	29	1000	*37*	,,	760
		[*85*]	Wendeln 4 mm	29	1000	*38*	,,	760
		[*85*]	Glasringe 5 mm	29	1000	*39*	,,	760

Tabelle 1 (Fortsetzung)

Lfd Nr	Autor	Nr des Schrifttums-verzeichnisses	Füllkörperart	Ø der Kolonne in mm	Füllhöhe in mm	Kurve Nr	Destillierte Flüssigkeit oder Gemisch	Arbeitsdruck in mmHg
12	H. KOLLING	[85]	Wendeln 6 mm	29	1000	*40*	*n*-Heptan	760
		[85]	Prym-Ringe 3 mm	29	1000	*68*	,,	760
13	A. J. HAYTER	[62]	Drahtnetz-Füllkörper 29/32″	25	254	*49*	Benzol/Tetrachlormethan	760
		[62]	Drahtnetz-Füllkörper 27/32″	25	254	*50*	,,	760
		[62]	Drahtnetz-Füllkörper 25/32″	25	254	*51*	,,	760
14	M. S. PETERS u. M. R. CANNON	[20]	Cannon-Protruded Füllkörper 0,16 × 0,16″	51	610	*62*	*n*-Dekan/trans-Dekalin	735
		[20]	Cannon-Protruded Füllkörper 0,16 × 0,16″	51	610	*63*	,,	400
		[20]	Cannon-Protruded Füllkörper 0,16 × 0,16″	51	610	*64*	,,	200
		[20]	Cannon-Protruded Füllkörper 0,16 × 0,16″	51	610	*78*	,,	50
		[20]	Cannon-Protruded Füllkörper 0,16 × 0,16″	51	610	*79*	,,	10

Tabelle 1 (Fortsetzung)

Lfd. Nr	Autor	Nr. des Schrifttums-verzeichnisses	Füllkörperart	Ø der Kolonne in mm	Füllhöhe in mm	Kurve Nr.	Destillierte Flüssigkeit oder Gemisch	Arbeitsdruck in mmHg
15	E. Kirschbaum u. A. David	[*82*, *28*]	Raschig-Ringe 8 × 8 × 1 mm	100	1000	*14*	Benzol/Toluol	760
		[*82*, *28*]	Raschig-Ringe 8 × 8 × 1 mm	100	1000	*15*	,,	500
		[*82*, *28*]	Raschig-Ringe 8 × 8 × 1 mm	100	1000	*16*	,,	250
		[*82*, *28*]	Raschig-Ringe 8 × 8 × 1 mm	100	1000	*17*	,,	100
		[*82*, *28*]	Raschig-Ringe 8 × 8 × 1 mm	100	1000	*18*	Benzol/ 1,2-Dichloräthan	760
		[*82*, *28*]	Raschig-Ringe 8 × 8 × 1 mm	100	1000	*19*	,,	400
		[*82*, *28*]	Raschig-Ringe 8 × 8 × 1 mm	100	1000	*20*	,,	100
		[*82*, *28*]	Raschig-Ringe 8 × 8 × 1 mm	100	1000	*21*	Äthanol	760
16	E. Kirschbaum, W. Busch u. R. Billet	[*81*]	Porzellan-Raschig-Ringe 8 mm	100	1000	*23*	1,2-Dichlor-äthan/Toluol	750
		[*81*]	Porzellan-Raschig-Ringe 8 mm	100	1000	*24*	,,	100

Tabelle 1 (Fortsetzung)

Lfd Nr	Autor	Nr des Schrifttums-verzeichnisses	Füllkörperart	⌀ der Kolonne in mm	Füllhöhe in mm	Kurve Nr	Destillierte Flüssigkeit oder Gemisch	Arbeitsdruck in mmHg
16	E. KIRSCHBAUM, W BUSCH u. R. BILLET	*[81]*	Porzellan-Raschig-Ringe 8 mm	100	1000	*25*	1,2-Dichlor-äthan/Toluol	50
		[81]	Porzellan Raschig-Ringe 8 mm	100	1000	*26*	,,	15
17	F. MORTON, D. G CERIGO u. P. J. KING	*[109]*	Stedman-Pyramid-Type-Körper 6″	152	2438	*27*	Benzin (Kp_{760} = 110°)	760
		[109]	Stedman-Pyramid-Type-Körper 6″	152	2438	*28*	Leuchtpetroleum (Kp_{760} = 180°)	430
		[109]	Stedman-Pyramid-Type Körper 6″	152	2438	*29*	,,	265
		[109]	Stedman-Pyramid-Type-Körper 6″	152	2438	*80*	Gasol (Kp_{760} = 295°)	100
		[109]	Stedman-Pyramid-Type-Körper 6″	152	2438	*81*	,,	50
18	H. BRAUER	*[15]*	Kugeln 2 mm ⌀	37	1000	*101*	n-Heptan/Methylcyclohexan	760
		[15]	V2A-Vollwendeln 2 × 2 × 0,2 mm	37	1000	*102*	,,	760

Tabelle 1 (Fortsetzung)

Lfd Nr	Autor	Nr des Schrifttums-verzeichnisses	Füllkörperart	ø der Kolonne in mm	Füllhöhe in mm	Kurve Nr	Destillierte Flüssigkeit oder Gemisch	Arbeitsdruck in mmHg
18	H. Brauer	[*15*]	Blechringe mit Steg 2 × 2 × 0,25 mm	37	1000	*103*	n-Heptan/ Methylcyclohexan	760
		[*15*]	Aluminium-Ellipsoide 3,7 × 7,4 mm	37	1000	*104*	,,	760
		[*15*]	V2A-Vollwendeln 3 × 3 × 0,45 mm	37	1000	*105*	,,	760
		[*15*]	Porzellan-Raschig-Ringe 5 × 5 mm	37	1000	*106*	,,	760
		[*15*]	V4A-Vollwendeln 4 × 4 × 0,4 mm	37	1000	*107*	,,	760
		[*15*]	V2A-Feder-wendeln 3 × 3 × 0,40 mm	37	1000	*108*	,,	760
		[*15*]	V2A-Feder-wendeln 3 × 3 × 0,45 mm	37	1000	*109*	,,	760
		[*15*]	V2A-Feder-wendeln 4 × 4 × 0,5 mm	37	1000	*110*	,,	760
		[*15*]	Porzellan-Raschig-Ringe 16 × 16 mm	37	1000	*111*	,,	760

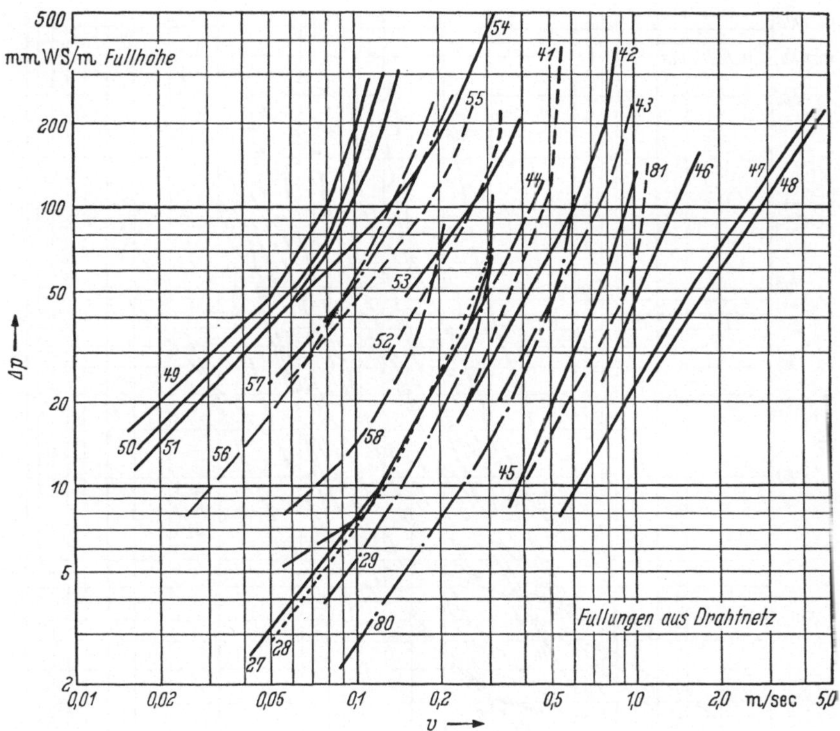

Abb 2 Druckverlustkurven aus der Literatur fur Fullungen aus Drahtnetz

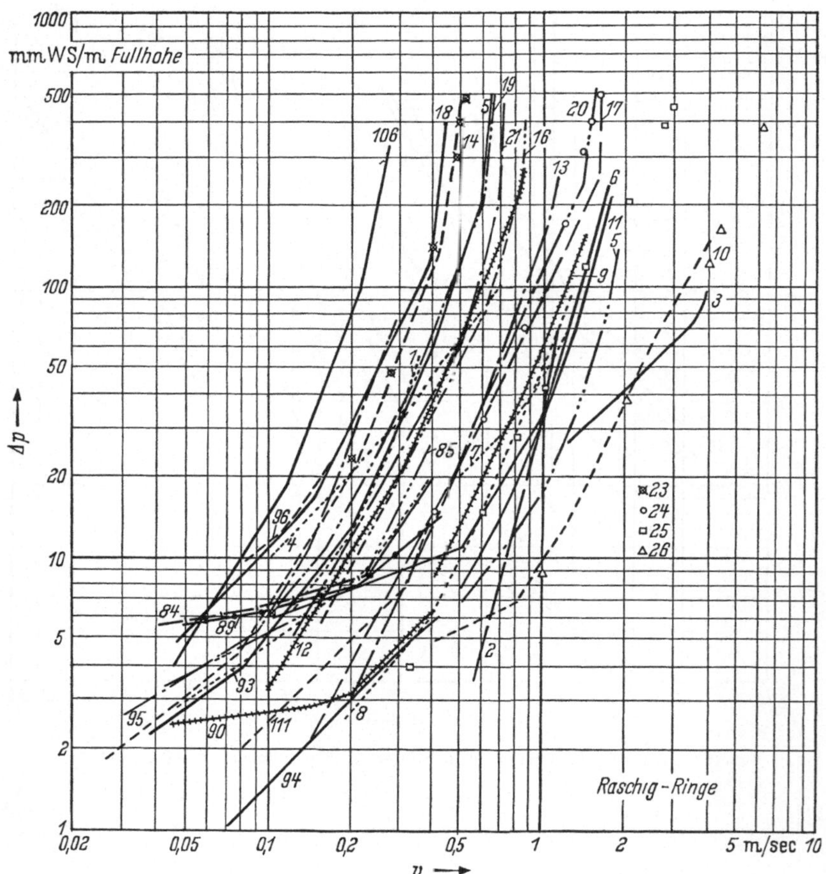

Abb 3 Druckverlustkurven aus der Lıteratur fur Raschıg-Rınge

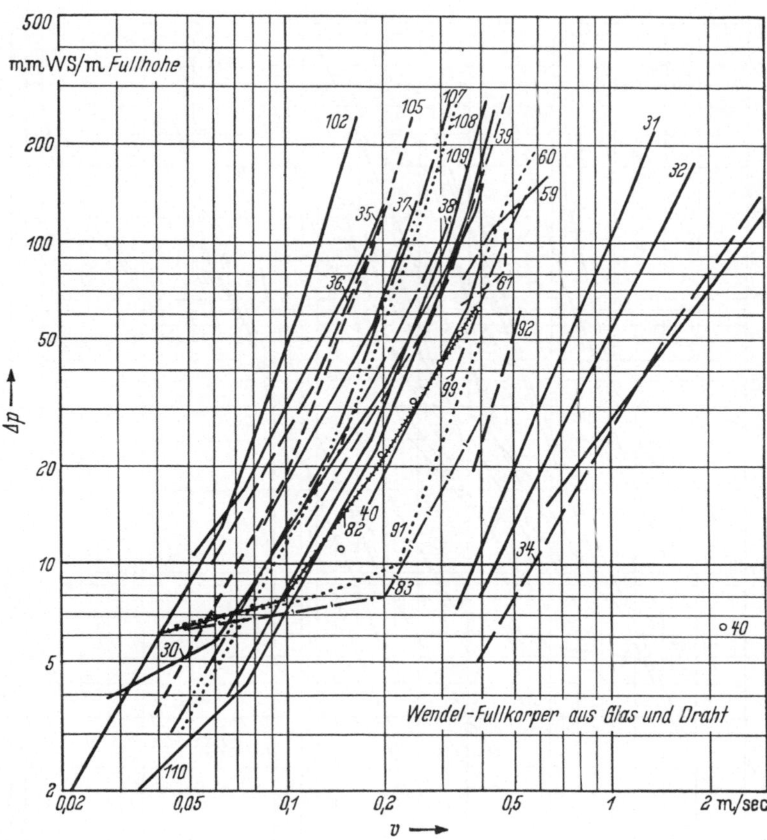

Abb 4 Druckverlustkurven aus der Literatur fur Wendel-Fullkorper aus Glas und Draht

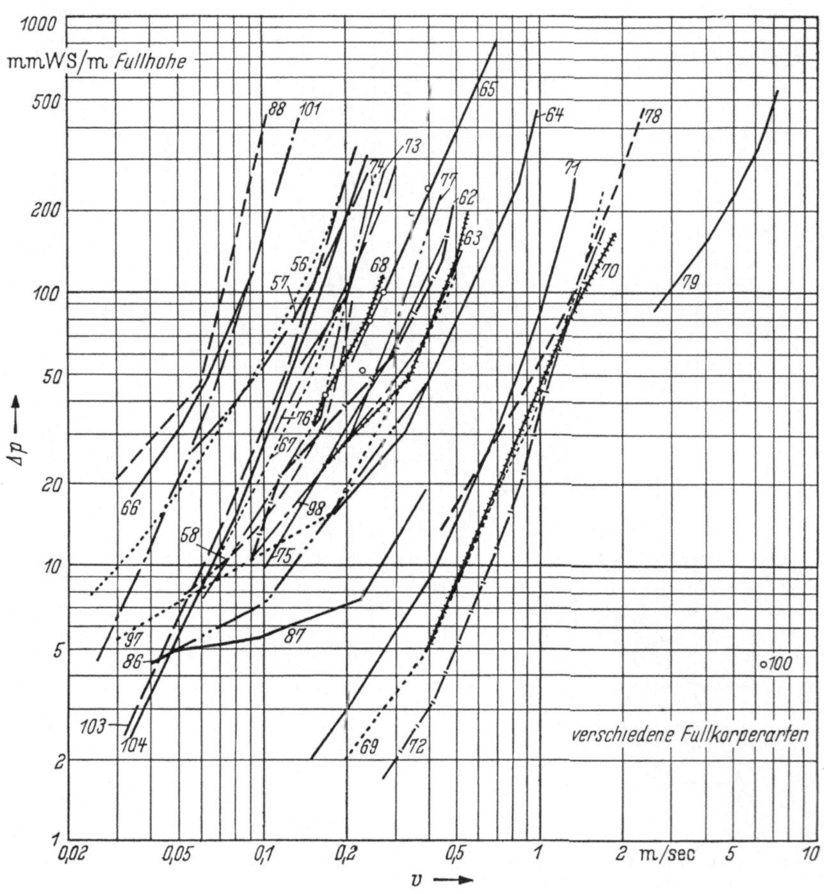

Abb 5 Druckverlustkurven aus der Literatur fur verschiedene Fullkorperarten

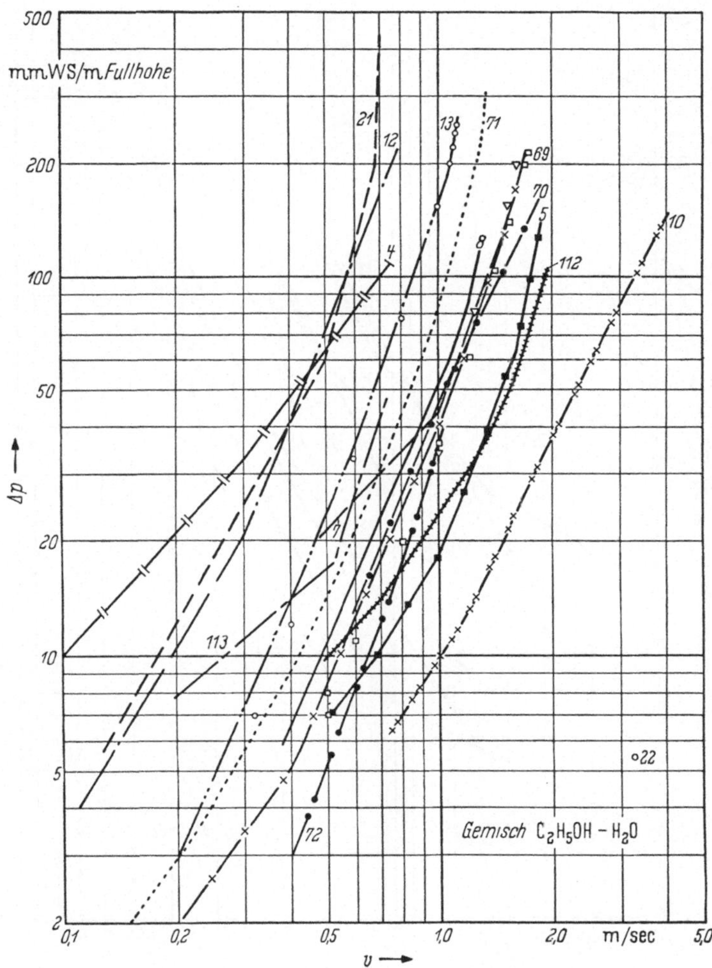

Abb 6 Druckverlustkurven aus der Literatur fur das Gemisch Athanol/Wasser

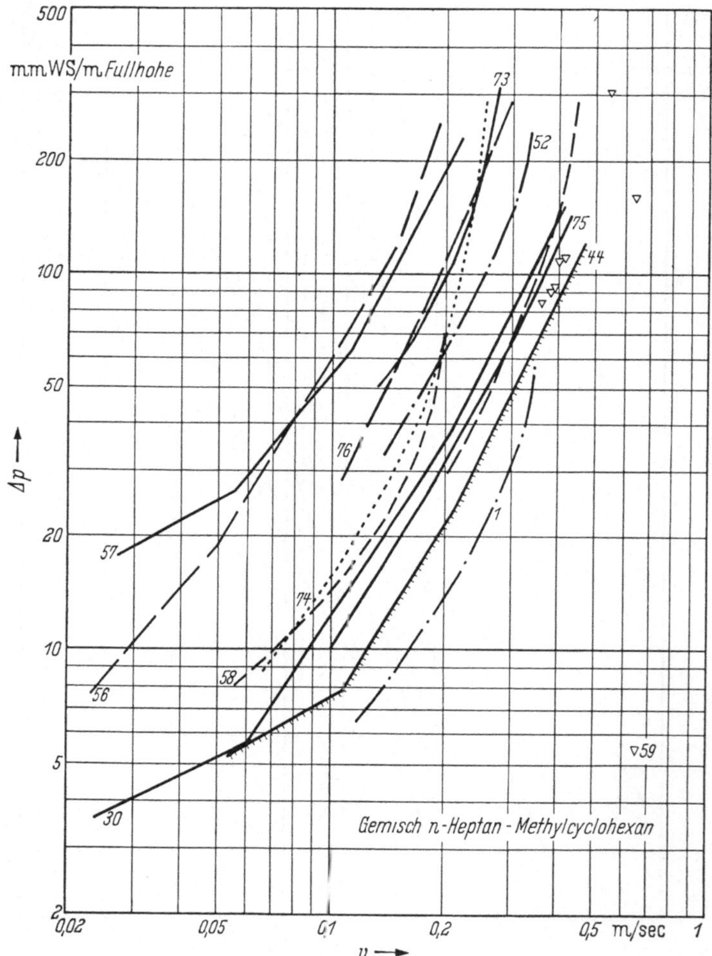

Abb. 7. Druckverlustkurven aus der Literatur fur das Gemisch n-Heptan/Methylcyclohexan

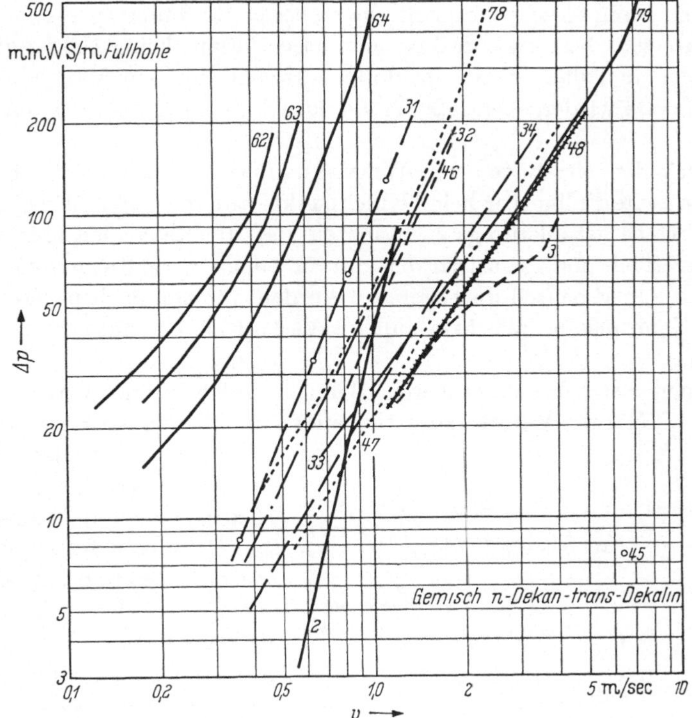

Abb 8 Druckverlustkurven aus der Literatur fur das Gemisch n-Dekan/trans-Dekalin

2. Auswertung vorliegender Arbeiten

2.1 Der phänomenologische Vergleich der vermessenen Differenzdruckkurven

Zunachst soll der Differenzdruckverlauf in Abhängigkeit von Dampf- und Flüssigkeitsbelastung rein phanomenologisch betrachtet werden. Dies erscheint deshalb notwendig, weil bereits hieruber sehr unterschiedliche Ansichten vertreten werden, obgleich umfangreiches experimentelles Material vorliegt. Die Deutung und Auswertung der vorliegenden Meßwerte ist insofern schwierig, als die Genauigkeit der einzelnen Daten meist nur etwa 10 bis 20% betragt. Hands und Mitarbeiter [*5*] geben ausdrücklich an, daß die mittlere Abweichung ihrer Meßwerte von der gemittelten Kurve gegenuber den Werten von White [*102*] nur 8% beträgt, wahrend sie bei White mit 20% wesentlich hoher liegt. Auf diese Schwierigkeit wurde bereits von Weimann [*165*] hingewiesen. Einigkeit besteht lediglich uber den Verlauf des Druckverlustes in Abhangigkeit von der Dampfgeschwindigkeit für unberieselte Fullkorper. Von allen Autoren wird bestatigt, daß im gesamten Verlauf keine Unstetigkeiten auftreten und daß er sich im doppelt logarithmischen Maßstab durch eine Gerade wiedergeben laßt [*7*, *49*, *59*, *92*, *94*, *101*, *102*, *105*, *108*, *123*, *165*].

Nach den Messungen von WEIMANN [*165*] weisen auch die Kurven für berieselte Fullkorper keine Knickpunkte auf, verlaufen also ebenfalls stetig. Dabei ist allerdings zu beachten, daß die Messungen hinsichtlich Druckverlust und Belastbarkeit nur in einem verhaltnismaßig engen Bereich experimentell durchgefuhrt wurden, fur den nach unseren heutigen Kenntnissen auch kein anderer Verlauf als ein stetiger zu erwarten war.

Einen betrachtlich großeren Bereich umfassen die Versuche von MACH [*101*] sowie WHITE [*102*]. Sie fanden unabhangig voneinander, daß bei berieselten Fullkorpern in der Druckverlustkurve zwei scharfe Knickpunkte auftreten. Die diesen Knickpunkten zugeordneten Dampfgeschwindigkeiten werden im Deutschen als untere und obere Grenzgeschwindigkeit, im Angelsachsischen als „loading point" und „flooding point" bezeichnet. In Abb. 9 ist der Verlauf einer Belastungskurve in schematischer Darstellung angegeben. Unterhalb der unteren Grenzgeschwindigkeiten strömen nach MACH [*101*] Gas und Flüssigkeit ruhig aneinander vorbei. Mit steigender Flussigkeitsberieselung tritt eine Verengung des Strömungsquerschnittes und damit eine Erhöhung des Druckverlustes ein. Gleichzeitig wächst die Neigung der Kurven. In dem Geschwindigkeitsbereich zwischen den beiden Grenzgeschwindigkeiten bewegen sich Gas und Flussigkeit nicht mehr gleichmäßig aneinander vorbei. Hier ist die Belastung durch die Flüssigkeit bereits so groß, daß sie zum Teil vom aufsteigenden Gas durch

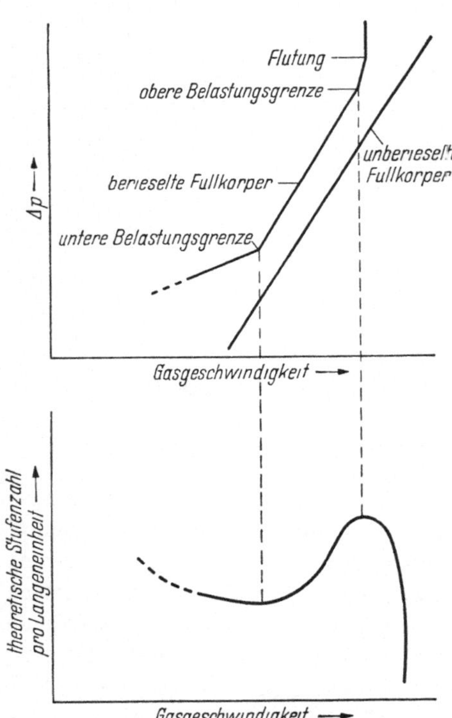

Abb 9. Belastungsverhaltnisse in einer Fullkorpersaule

drungen werden muß. Es ist der Geschwindigkeitsbereich mit der günstigsten Austauschwirkung hinsichtlich Trennschärfe und Durchsatz. Andererseits entsprechen diesen Geschwindigkeiten schon verhältnismäßig hohe Druckverluste etwa zwischen 50 und 200 mm Wassersäule pro m Füllhöhe. Diese hohen Druckverluste sollten gerade für einen speziellen und bevorzugten Anwendungsbereich der Füllkörpersäulen, nämlich dem der Vakuumdestillation tunlichst vermieden werden. Oberhalb der oberen Grenzgeschwindigkeit oder des sogenannten Flutungspunktes arbeitet die Füllkörpersäule nicht mehr gleichmäßig. Es bildet sich vom sogenannten Flutungszentrum aus eine zusammenhängende Flüssigkeitssäule praktisch ohne jeden Konzentrationsgradienten, die von einzeln aufsteigenden Gasblasen durchsetzt wird. Von diesem Zeitpunkt an sinkt einmal die Wirksamkeit der Trennsäule sehr stark ab und zum anderen steigt der Druckverlust beträchtlich an, was sich in einem nahezu senkrechten Verlauf der Druckverlustkurve bemerkbar macht. Dabei ist vorauszusehen, daß die Druckverlustkurve sich um so mehr der Senkrechten nähert, je niedriger das Flutungszentrum liegt, denn in diesem Maße wächst die zu durchdringende Flüssigkeitssäule mit nahezu gleicher Konzentration. Die größte Neigung wird man daher erwarten dürfen, wenn das Fluten bereits in der Füllkörperauflage einsetzt.

Sowohl nach Mach [*101*] als auch nach White [*102*] ist die obere Belastungsgrenze, das Fluten oder „Kotzen" der Kolonne, an der Menge der vom Dampf mechanisch mitgerissenen Flüssigkeit zu erkennen. Diese Erscheinung wird häufig zur Kennzeichnung der oberen Belastungsgrenze oder Flutungsgrenze herangezogen [*58, 92, 105*]. Mit steigendem Druckverlust wird zunächst ein Mitreißminimum durchlaufen. Lerner und Grove [*92*] fanden, daß die obere Belastungsgrenze etwas oberhalb dieses Minimums liegt. Bei noch höherer Geschwindigkeit nimmt das Mitgerissene selbst bei nur geringer Geschwindigkeitssteigerung stark zu. An diesen Versuchen ist weiterhin beachtenswert, daß die Autoren den Bereich oberhalb der Flutungsgrenze untersuchten. Sie fanden hier in Übereinstimmung mit den Ergebnissen von Molstad und Mitarbeitern [*108*] einen weiteren Knickpunkt in der Druckverlustkurve, von dem ab sie wieder wesentlich flacher verläuft.

Nach den Messungen von Piret und Mitarbeitern [*123*] weist die Druckverlust-Belastungskurve bei der unteren Belastungsgrenze einen scharfen Knickpunkt auf. Sie dehnten ihre Messungen nicht bis zur oberen Belastungsgrenze aus, da sie diese wegen des hier stark ansteigenden Druckverlustes nicht mit der genügenden Genauigkeit bestimmen konnten. Für die von ihnen durchgemessene höchste Flüssigkeitsbelastung von 10,74 m^3/m^2h fanden sie unterhalb der unteren Belastungsgrenze einen zweiten Knickpunkt in der Druckverlustkurve für eine Gasgeschwindigkeit von etwa 0,13 m/sec. Die Autoren vermuten, daß unter diesen Bedingungen der verhaltnismäßig hohen Flüssigkeitsbelastung im Vergleich zu der geringen Dampfbelastung die relative Geschwindigkeit der Luft im Verhaltnis zum Wasser wesentlich großer wird als die Geschwindigkeit der Luft im Verhaltnis zur Fullung. Daß in diesem Geschwindigkeitsbereich der Verlauf des Druckverlustes in Abhangigkeit von der Dampfgeschwindigkeit nochmals eine Richtungsanderung erfahrt, geht auch aus den umfangreichen Destillationsversuchen von SCHULTZE und STAGE [*138*, *139*], KIRSCHBAUM und DAVID [*28*, *82*] sowie BRAUER [*15*] hervor.

Nach den Ergebnissen von BRAUER [*15*] treten in dem Verlauf der Druckverlustkurven unterhalb der Flutungsgrenze drei Richtungsänderungen auf. BRAUER fand, daß die Abhangigkeit des Druckverlustes von der Flussigkeitsbelastung (die fur unendliches Rucklaufverhaltnis identisch mit der Dampfbelastung in kg/m²h ist) doppelt logarithmisch aufgetragen innerhalb eines Geschwindigkeitsbereiches bis zum Knickpunkt linear verlauft. Den unteren, von ihm nur wenig untersuchten Bereich ordnet er der laminaren Dampfströmung zu mit dem Exponenten $n = 1$ des Flussigkeitsstromes L nach der folgenden Beziehung fur den Verlauf der Druckverlustkurven:

$$\frac{\Delta p}{h} = c \cdot L^n. \tag{1}$$

In den sich anschließenden Bereichen mit turbulenter Dampfströmung fand BRAUER bis zum Flutungspunkt zusatzlich noch zwei ausgezeichnete Punkte, bei denen der lineare Differenzdruckverlauf Richtungsanderungen erfahrt. Fur den ersten turbulenten Bereich gilt der Exponent $n = 1{,}78$, im mittleren der Wert $n = 2{,}7$ im oberen bis zum Flutungspunkt wird schließlich $n = 3{,}3$. Eine derartige Vielzahl von Knickpunkten wurde bisher nicht beobachtet. Der obere Knickpunkt, der nach der herkommlichen Auffassung etwa in den Bereich der unteren Belastungsgrenze fallt, ist im ubrigen bei allen vorgelegten Kurven wenig ausgepragt. Es durfte nicht schwerfallen, durch die Versuchspunkte stetig verlaufende Kurven hindurchzulegen. Die mittleren Abweichungen der Meßpunkte von den sich dann ergebenden Kurven werden kaum großer als fur die ausgezogenen Kurvenzuge sein. Im ubrigen mußte beim Vergleich berucksichtigt werden, daß bei nahezu gleicher Blasenkonzentration sich die Konzentrationswerte fur das Destillat und damit auch fur deren physikalische Eigenschaften beträchtlich unterscheiden. Die theoretischen Bodenzahlen variieren zwischen etwa 8 und 50.

Im Gegensatz zu den bisher mitgeteilten Ergebnissen weisen ELGIN und WEISS [*37*] auf Grund der von ihnen durchgefuhrten Versuche darauf hin, daß die Differenzdruck-Belastungs-Beziehung bis zum Flutungspunkt am besten durch einen stetig verlaufenden Kurvenzug wiedergegeben wird. Hiernach sollte man besser nicht von einer unteren Belastungsgrenze oder „loading point“, sondern einer unteren Belastungszone sprechen. Diese Ansicht wird neuerdings auch von Leva [*94*], Zenz [*174*], Peters und Mitarbeitern [*122*] sowie Morton und Mitarbeitern [*127*] vertreten. Bestatigt wird sie durch die Ergebnisse zahlreicher experimenteller Untersuchungen [*33, 44, 61, 62, 69*]. Anhand des vorliegenden Versuchsmaterials konnte Zenz [*174*] zeigen, daß sich die bisher mit Knickpunkten dargestellten Belastungskurven als stetig verlaufende Kurven wiedergeben lassen.

Wahrend nach fruheren Untersuchungen von Kirschbaum [*72, 74*] in dem Verlauf der Differenzdruckkurve bis zum Flutungspunkt keine Unstetigkeiten auftreten, weisen später veroffentlichte Kurven Knickpunkte auf [*81, 82*]. Bemerkenswert an diesen, bei verschiedenen Destillationsdrucken durchgefuhrten Messungen ist, daß die Knickpunkte mit fallendem Druck immer schwerer zu erkennen sind. Bei Destillationsversuchen wird mit fallendem Druck die Flussigkeitsbelastung immer kleiner. Die Kurven mussen sich daher mit steigendem Vakuum immer mehr dem geradlinigen Verlauf fur unberieselte Fullkórper nahern. Diese Tendenz kann man auch den Daten von Peters und Cannon [*122*] sowie Morton und Mitarbeitern [*109*] entnehmen, wenn sie auch dort nicht so deutlich in Erscheinung tritt.

Nach Wirksamkeits- und Druckverlustdaten der vorliegenden Literatur sowie eigener Messungen fanden Garner und Mitarbeiter [*50, 52*], daß die Wirksamkeit einer Fullkorpersaule bei der unteren Belastungsgrenze am geringsten ist, und hielten diese Große fur die Praxis so bemerkenswert, daß sie sie einer eingehenden theoretischen Untersuchung unterzogen. Über die als Ergebnisse dieser Untersuchung abgeleiteten Beziehungen fur die untere und die obere Belastungsgrenze wird im nachsten Abschnitt berichtet. Hier sei zunachst festgestellt, daß der von ihnen gefundene Zusammenhang zwischen unterer Belastungsgrenze und Wirksamkeitsminimum eine Bestatigung in den von Brauer [*15*] spater mitgeteilten Versuchswerten findet. Dabei muß man allerdings berücksichtigen, daß diese Knickpunkte nur wenig ausgepragt sind, so daß sich die Frage erhebt, ob sie wirklich vorhanden sind. In dieser Hinsicht fallen die untersuchten Federwendeln von $3 \times 3 \times 0{,}4$ mm vollig heraus. Nach dem Differenzdruckverlauf sollte die untere Belastungsgrenze mit der geringsten Wirksamkeit etwa einen Wert von 4,3 m^3/m^2h haben. Es wurde jedoch bis 7 m^3/m^2h kein Minimum gefunden.

Daß tatsachlich die Wirksamkeitssteigerung zwischen unterer und oberer Belastungsgrenze auf den Aufbau einer Spruh- und Sprudelschicht in dem Fullkorperbett mit starkem Anstieg des Druckverlustes zuruckzufuhren ist, kann man besonders schon an der Arbeitsweise der Pana- und Spraypak-Fullungen erkennen [*40, 105, 140*]. Im unteren Belastungsbereich arbeiten diese Fullungen als reine Benetzungskolonnen Hier sind sie wegen ihrer vergleichsweise geringen Oberflache verhalt

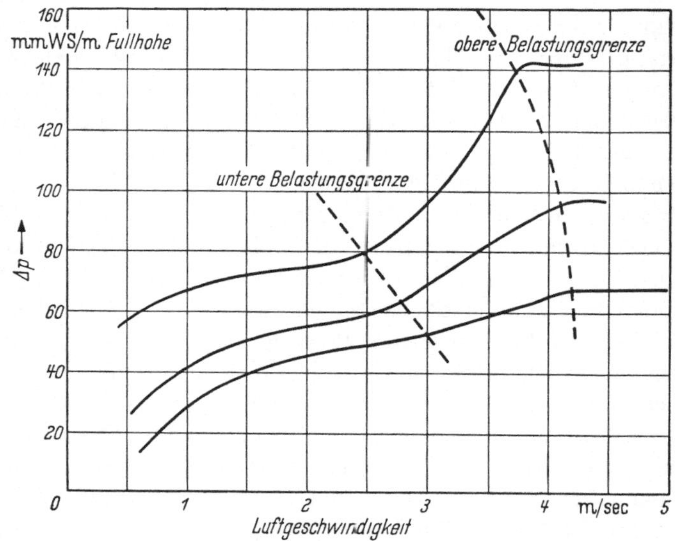

Abb 10 Belastungsverhaltnisse in einer Spraypak-Kolonne

nismäßig wenig wirksam. Von etwa 25% der max. Belastung an setz zusätzlich infolge der Geschwindigkeitsenergie des aufsteigenden Damp fes eine Spruhwirkung ein, die oberhalb 50% der Maximallast den ent scheidenden Einfluß sowohl auf den Druckverlust als auch auf die Wirk samkeit ausubt. Es ist daher zu erwarten, daß fur diese Fullungen die Druckverlust-Belastungskurven deutlich erkennbare Übergange zwischer den einzelnen Arbeitsbereichen aufweist. Wie die in Abb. 10 wieder gegebenen Meßergebnisse von McWilliams und Mitarbeitern [*105*] fu eine Spraypak-Kolonne zeigen, ist dies auch tatsachlich der Fall.

2.2 Die rechnerische Erfassung des Differenzdruckverlaufes

Neben dieser rein qualitativen Betrachtungsweise hat es nicht a Versuchen gefehlt, den Verlauf des Druckverlustes in Abhangigkeit vo der Dampfgeschwindigkeit fur Fullkorpersäulen formelmaßig zu erfassen um fur bisher nicht untersuchte Verhaltnisse den Differenzdruck im vor aus bestimmen zu konnen.

Den Ausgangspunkt fur diese Untersuchungen bilden die wesentlic ubersichtlicheren Gesetzmaßigkeiten, die für den Einphasenstrom vo Flussigkeiten und Gasen in glatten und rauhen ungefüllten Rohren ge funden wurden. Bei ungefullten Rohren haben wir es hinsichtlich de

Abmessungen des Rohres und der physikalischen Kenngrößen des strömenden Mediums mit eindeutig definierten Größen zu tun. Für den Bereich der laminaren Strömung gilt das HAGEN-POISEUILLEsche Gesetz [*57*, *124*], nach dem der Druckabfall des strömenden Mediums proportional seiner mittleren Geschwindigkeit wächst. Der Druckabfall ΔP längs der Rohrlänge und das Durchflußvolumen Q läßt sich dann nach den beiden folgenden Beziehungen (2) und (3) berechnen:

$$\Delta P = \frac{l \cdot \bar{v} \cdot 8 \cdot \mu}{r^2}, \tag{2}$$

$$Q = \frac{\pi \cdot r^4}{8 \cdot \mu} \cdot \frac{\Delta P}{l}. \tag{3}$$

Innerhalb des Bereiches der laminaren Strömung ist also der Widerstand unabhängig von der Dichte des strömenden Mediums. Dies gilt jedoch nur, solange sich die einzelnen Schichten des Strömungsquerschnittes lediglich parallel zueinander verschieben. Oberhalb der sogenannten kritischen Geschwindigkeit tritt aber eine zusätzliche Wirbelbewegung auf, wobei der Druckabfall oder Strömungswiderstand proportional der kinetischen Energie der Wirbel ist.

Um nun von Meßwerten eines Systems Voraussagen für Systeme mit anderen Verhältnissen treffen zu können, gilt es eine dimensionslose Zahl zu finden, die den Strömungszustand wiedergibt. Eine derartig charakteristische Größe wurde auf Grund ähnlichkeitstheoretischer Betrachtungen von HELMHOLTZ und REYNOLDS [*129*] gefunden, die heute zu Ehren REYNOLDS mit *Re* bezeichnet wird:

$$\frac{\overline{V}\left[\frac{\mathrm{m}}{\mathrm{sec}}\right] \cdot d\,[\mathrm{m}] \cdot \varrho\left[\frac{\mathrm{kg}}{\mathrm{m}^3}\right]}{\mu\left[\frac{\mathrm{kg}}{\mathrm{m}\cdot\mathrm{sec}}\right]} = Re \quad [1]. \tag{4}$$

Die REYNOLDSsche Zahl *Re* ist der Quotient aus den Kräftewirkungen der kinetischen Energie der Wirbel und der Reibung, oder mit anderen Worten das Verhältnis der Trägheitskräfte zu den Zähigkeitskräften. Auf die besondere Bedeutung der REYNOLDSschen Zahl und der daraus abgeleiteten mechanischen Ähnlichkeit für die Strömungslehre kann an dieser Stelle nicht eingegangen werden [*35*, *125*].

Wie bereits im vorigen Abschnitt erwähnt, interessiert für den Betrieb von Füllkörpersäulen eigentlich nur der Bereich der turbulenten Strömung, deren Gesetzmäßigkeiten in der einschlägigen Literatur [*35*, *125*] hinreichend beschrieben sind, wonach gilt

$$\frac{\Delta P}{l} = \lambda \cdot \frac{\varrho \cdot v^2}{2d}. \tag{5}$$

Der Faktor λ wird als Widerstandsziffer bezeichnet, er ist im Bereich der turbulenten Strömung eine Funktion der REYNOLDSschen Zahl. Nach BLASIUS [*10*] gilt bis etwa $Re = 80000$ fur λ:

$$\lambda = \frac{0{,}3164}{Re^{0{,}25}} \quad (Re < 80000)\,. \tag{6}$$

Später fand HERMANN [*64*] auf Grund neuerer Versuche bis zu REYNOLDSschen Zahlen von ungefahr $2 \cdot 10^6$ fur

$$\lambda = 0{,}054 + 0{,}396 \cdot \frac{1}{Re^{0{,}3}}\,; \quad (Re < 2 \cdot 10^6)\,. \tag{7}$$

Durch diese Beziehung wird der gesamte, für die Praxis interessierende Bereich des glatten Rohres erfaßt.

Im angelsächsischen Schrifttum wird zur Berechnung des Druckverlustes meist eine ähnliche, zuerst von FANNING [*163*] angegebene Beziehung benutzt. Sie lautet:

$$\frac{\Delta P}{l} = \frac{2 \cdot f \cdot \varrho \cdot v^2}{g \cdot d}\,. \tag{8}$$

Hierin bedeuten g die Erdbeschleunigung und f den Reibungsfaktor. Man erkennt sofort die formale Ähnlichkeit beider Gleichungen. Zwischen der Widerstandsziffer λ und dem Reibungsfaktor f der FANNING-Gleichung besteht die Beziehung:

$$\lambda = \frac{4f}{g}\,. \tag{9}$$

Fur die rechnerische Behandlung des rauhen Rohres muß noch eine Kennzahl eingefuhrt werden, durch die die Rauhigkeit definiert ist. Hierfur kann man die mittlere Wanderhebung k benutzen. Die Widerstandsziffer wird fur rauhe Rohre außer von der REYNOLDSschen Zahl Re auch noch von dem Verhaltnis k/d abhängig sein. Dies geht besonders schön aus den uber einen sehr weiten Bereich der REYNOLDSschen Zahlen ausgefuhrten Versuchen von NIKURADSE [*116*] hervor; gelingt es, die mittlere Wanderhebung k eines rauhen Rohres annahernd festzustellen, so laßt sich hiernach der Druckverlust fur dieses Rohr im voraus berechnen. Aus diesen Versuchen ersieht man weiter, daß im laminaren Gebiet die Rohrrauhigkeit überhaupt keinen Einfluß auf die Widerstandskennziffer und damit auf den Druckverlust hat.

Nach dem HAGEN-POISEUILLEschen Gesetz gilt für den Druckverlust pro Längeneinheit im Bereich der laminaren Stromung:

$$\frac{\Delta P}{l} = \frac{8\mu\, v}{r^2} = \frac{32\mu \cdot v}{d^2}\,. \tag{10}$$

Durch Gleichsetzen der rechten Seiten der Gl. (10) und (5), sowie Einfuhrung der REYNOLDSschen Zahl entsprechend Gl. (4) findet man fur λ:

$$\lambda = \frac{64\mu}{d \cdot \varrho \cdot v} = \frac{64}{Re}\,. \tag{11}$$

Im turbulenten Bereich gilt für den Verlauf der Widerstandsziffer genügend genau die Beziehung von BLASIUS [*10*]. Der Bereich zwischen $Re = 2000$ und $Re = 5000$ wird dabei weder durch das HAGEN-POISEUILLEsche Gesetz noch durch die fur die turbulente Strömung abgeleiteten Beziehungen erfaßt.

Wie die Untersuchungen uber die Geschwindigkeitsverteilung bei der turbulenten Stromung ergaben, bildet sich zunachst an der Wand eine dünne Schicht aus, in der die Stromung laminar verläuft. Es ist anzunehmen, daß die Dicke dieser laminar fließenden Grenzschicht um so kleiner wird, je größer die Geschwindigkeit v der Rohrströmung und damit ihre REYNOLDSsche Zahl ist. Zum Rohrinneren findet also stets ein Übergang von der laminaren zur turbulenten Stromung statt. Diesem Übergangsgebiet kommt daher eine erhebliche praktische Bedeutung zu. Wie auf Grund experimenteller Untersuchungen bekannt ist, findet kein plotzlicher Wechsel von der laminaren zur turbulenten Stromung statt; vielmehr vollzieht er sich gemaß einer von TH. VON KARMAN angegebenen Naherung ganz allmahlich [*117*, *126*].

Der eben diskutierte Einphasenstrom — Gas oder Flussigkeit — durch ein leeres Rohr unterscheidet sich vom Zweiphasen-Gegenstrom durch Fullkorperschichten in folgender Weise: Wahrend wir beim ungefullten Rohr unabhängig vom Ort stets den gleichen Durchmesser haben, können wir uns in einer Fullkorperschicht die aufsteigende Gasstromung in eine Vielzahl paralleler Ströme aufgeteilt denken, die in Richtung der Hohe an den Beruhrungsstellen der Fullkörper als Dusen wirkende Verengungen aufweisen. Infolge der durch die dauernden Querschnittveranderungen hervorgerufenen Wirbelbildungen haben wir daher in dem fur die Praxis in Betracht kommenden Geschwindigkeitsbereich stets mit einer turbulenten Gasstromung zu rechnen. Daruber hinaus wird durch die Gegenwart der herablaufenden flussigen Phase mit steigender Flussigkeitsbelastung der freie Querschnitt verringert. Die Verhaltnisse liegen beim Zweiphasen-Gegenstrom der Fullkorpersaule also wesentlich verwickelter als beim ungefullten, glatten oder rauhen Rohr. Es ist daher nicht verwunderlich, daß sich die vorgeschlagenen Losungen zum Teil recht beträchtlich unterscheiden, obwohl jeweils von ahnlichen Annahmen ausgegangen wird.

Zur Ableitung der Beziehung fur den Druckverlust in Fullkörpersaulen gehen CHILTON und COLBURN [*24*] von der bereits erwahnten Form der FANNING-Gleichung aus. Bei der Anwendung dieser Gleichung berucksichtigten sie jedoch, daß fur die Geschwindigkeit des stromenden Mediums nicht der auf den freien Rohrquerschnitt bezogene Wert v angesetzt werden darf, sondern die tatsachlich zwischen den Fullkorpern herrschende Geschwindigkeit

$$v_{\text{eff}} = \frac{v}{\varepsilon}, \tag{12}$$

wobei mit ε der Anteil des freien Raumes in Bruchteilen von 1 bezeichnet wird. Man kommt dann zu einer etwas abweichenden Formulierung für den Reibungsfaktor f, der deshalb als f' bezeichnet werden soll. Die Beziehungen lauten dann:

$$\frac{\Delta P}{h} = \frac{2f'}{g \cdot d_p} \cdot \varrho \cdot v^2, \tag{13}$$

$$f' = \frac{0{,}06}{\varepsilon^{1,8}} \cdot \left(\frac{\mu}{d_p \cdot \varrho \cdot v}\right)^{0,2} \tag{14}$$

für den turbulenten Bereich und

$$f' = \frac{16}{\varepsilon} \cdot \left(\frac{\mu}{d_p \cdot \varrho \cdot v}\right) \tag{15}$$

fur den laminaren Bereich.

Die Auswertung der von den Autoren durchgefuhrten Messungen sowie der von ihnen herangezogenen Literaturwerte ergab für die Reibungsfaktoren f' folgende, von den berechneten abweichende Beziehungen:

$$f' = 38\left(\frac{\mu}{d_p \cdot \varrho \cdot v}\right)^{0,15} \tag{16}$$

für den turbulenten Bereich und

$$f' = 850\left(\frac{\mu}{d_p \cdot \varrho \cdot v}\right) \tag{17}$$

für den laminaren Bereich.

Unter Anwendung dieser Werte erhält man für den Druckverlust [*44*]

$$\frac{\Delta p}{h} = \frac{2{,}645 \cdot A_f \cdot \mu^{0,15} \cdot (v \cdot \varrho)^{1,85}}{\varrho \cdot d_p^{1,15}} \quad \text{(turbulent)} \tag{18}$$

$$\frac{\Delta p}{h} = \frac{0{,}97 \cdot A_f \cdot \mu (v \cdot \varrho)}{\varrho \cdot d_p^2} \quad \text{(laminar)} \tag{19}$$

In diesen Gleichungen bedeuten:

A_f Wandfaktor nach FURNAS [*45*] (dimensionslos),
d_p mittlerer Teilchendurchmesser.

Der von FURNAS vorgeschlagene Wandfaktor A_f berücksichtigt den größeren freien Raum an der Wand verglichen zur eigentlichen Füllung. Sein Einfluß wird um so größer sein, je großer das Verhaltnis der Fullkorperabmessung zum Kolonnendurchmesser und je geringer der von den Füllkörpern eingenommene Raum wird.

CHILTON und COLBURN [*24*] glauben, aus diesen Abweichungen auf das Verhältnis von Reibungsverlusten zu Verengungs- und Erweiterungsverlusten Schlusse ziehen zu konnen. Für einen freien Querschnitt von 10% betragt hiernach im Bereich der turbulenten Stromung mit einem Kontraktionsverhaltnis von 0,65 der Anteil des Kontraktionsverluste am Gesamtdruckverlust bereits 90%.

Ebenfalls auf eine FANNING-Gleichung zurückzuführen ist die von UCHIDA und FUJITA [*160*] auf Grund einer Dimensionsanalyse abgeleitete Beziehung für den Druckverlust:

$$\frac{\Delta P}{h} = \varrho \cdot c \left(\frac{v^2}{2 \cdot g \cdot d_p}\right)^p \left(\frac{d_p \cdot v \cdot \varrho}{\mu}\right)^q \left(\frac{D}{d_p}\right)^r. \tag{20}$$

Der von ihnen untersuchte Bereich ließ sich durch drei derartige Gleichungen für hohe, mittlere und niedrige REYNOLDSsche Zahlen befriedigend wiedergeben. Bei allen Messungen fanden sie für den Exponenten r den Wert 0, d. h. das Verhältnis von Kolonnen- (D) zu Füllkörperdurchmesser (d_p) hatte keinen Einfluß auf den Druckverlust. Nach neueren Untersuchungen trifft dies jedoch nur für $D \gg d$ zu [*102*] Die Größe c entspricht dem Wandfaktor von FURNAS [*47, 48*], der auch von CHILTON und COLBURN [*24*] benutzt wurde. Mit den Exponenten $p = 1$ und $r = 0$ geht die Beziehung von UCHIDA und FUJITA in die übliche Form der FANNING-Gleichung über.

$$\frac{\Delta p}{h} = \frac{2}{g \cdot d} \left(\frac{c \cdot Re^q}{4}\right) \cdot \varrho \cdot v^2 \tag{21}$$

mit

$$\frac{c \cdot Re^q}{4} = f. \tag{22}$$

UCHIDA und FUJITA fanden nach ihren Meßergebnissen für p den Wert von 0,94 statt 1. Berücksichtigt man, daß die an zwei gleich dimensionierten Säulen gemessenen Druckverluste infolge der ungleichen Lagerung der Füllkörper bereits Abweichungen des Druckverlustes bis zu 20% bringen können [*102*], so dürften die Messungen von UCHIDA als eine Bestätigung der FANNING-Gleichung angesehen werden.

Diesen Gleichungstyp benutzten neuerdings auch KIRSCHBAUM und DADID [*28, 82*] zur Auswertung ihrer Destillationsversuche:

$$\frac{\Delta p}{h} = \xi \cdot \frac{v^2 \cdot \varrho}{2 \cdot g \cdot d_p}. \tag{23}$$

Dabei weist DAVID ausdrücklich darauf hin, daß mit dem Strömungsfaktor ξ alle nicht direkt der Messung zugängigen Größen erfaßt werden sollen. Dieser Strömungsfaktor ist nicht identisch mit der Widerstandsziffer λ der PRANDTL-Gleichung (5) oder dem Reibungsfaktor f der FANNING-Gleichung (8). Die angegebenen Beziehungen lassen sich daher nicht verallgemeinern. Zur Vorausberechnung des Druckverlustes sind sie nur bei ähnlichen Versuchsbedingungen verwendbar.

Auch WHITE [*102*] verwendet zur Auswertung der Messungen eine modifizierte FANNING-Gleichung, die der CHILTON-COLBURN-Beziehung sehr ähnelt:

$$\frac{\Delta p}{h} = \frac{2 f \cdot \varepsilon}{g \cdot d_p} \cdot \varrho \cdot v^2. \tag{24}$$

Im Hauptgeschwindigkeitsbereich leitet MACH [*101*] für den Druckverlust der von ihm untersuchten Füllkorper folgende empirische Beziehung ab:

$$\frac{\Delta p}{h} = k_b \cdot v^n. \tag{25}$$

Für die Widerstandszahl k_b der berieselten Korper fand er den Ausdruck:

$$k_b = k_l + 0{,}005\, k_l^{1,5}\, B = 1{,}4 \cdot k_t + 0{,}007\, k_t^{1,5} \cdot B. \tag{26}$$

Hierin bedeuten:

k_t Widerstandszahl der trockenen Fullkorper,
k_l Widerstandszahl der benetzten Fullkorper,
B Berieselungsmenge (m^3/m^2h).

Der Exponent n ist von k_t abhangig und liegt zwischen 1,95 fu $k_t = 50$ und 1,8 fur $k_t = 150$—200. Diese Gleichungen haben nicht nu den Nachteil, daß sie keine Allgemeingültigkeit besitzen, sie gelten viel mehr auch nur fur einen Druckverlust bis etwa 70 mm Wassersaule pro n Schichthohe. Dem Hauptarbeitsbereich zwischen der unteren und de oberen Belastungsgrenze entspricht aber ein betrachtlich hoherer Druckverlust. Auch die ahnlich gebaute Beziehung von OTHMER und SCHEIBEL [*120*] hat keine allgemeine Bedeutung und kann deshalb hier ubergangen werden.

Die Mehrzahl der in der Zwischenzeit vorgeschlagenen Gleichunge zur Berechnung des Druckverlustes unberieselter Fullkorper lassen sich wie DOERING [*34*] uberzeugend darlegte, auf folgende allgemeine Forn der PRANDTL- bzw. FANNING-Gleichung bringen:

$$\frac{\Delta P}{h} = \zeta \cdot \psi \cdot \frac{v^2 \cdot \varrho}{2 \cdot d_p}. \tag{27}$$

Hierin entspricht ζ der Widerstandsziffer λ nach PRANDTL bzw. der Reibungsfaktor f nach FANNING, also Großen, die sich als Funktion de REYNOLDSschen Zahl darstellen lassen. Der ebenfalls dimensionslos Faktor ψ berucksichtigt die Abhangigkeit des Druckverlustes vom Anteil des von den Fullkorpern nicht eingenommenen freien Raumes. Fur und ψ sind verschiedene Ausdrucke vorgeschlagen worden, die in Tab. zusammengestellt sind.

Den von DOERING experimentell vermessenen sowie den von ihm i die Prufung einbezogenen Literaturwerten kann man entnehmen, da die Meßwerte am besten durch die von ERGUN angegebenen Beziehunge wiedergegeben werden. Allerdings gelten die angeführten Beziehunge zunachst nur fur Vollkorper, an denen sie entwickelt wurden. Für ande Fullkorperarten hat BRAUER [*16*] die von ERGUN angegebene Gleichun derart erweitert, daß die Fullkorper-Abmessungen, der wirksame Teilche

Tabelle 2

Autor	Literatur Nr	ζ	ψ
W. BARTH u. W. ESSER	[*8*]	$5{,}85 + \frac{100}{\sqrt{Re}} + \frac{490}{Re}$	$\frac{1-\varepsilon}{\varepsilon^3}$
E. FEHLING	[*42*]	$M \cdot \zeta_K$	$\frac{1}{\varepsilon^4}$
W. BARTH	[*7*]	$0{,}1067 \cdot \frac{C}{Re^n}$	$\frac{1-\varepsilon}{\varepsilon^3}$
M. LEVA u. M. GRUMMER	[*96*]	$\frac{a}{Re^{0,1}}$	$\frac{1-\varepsilon}{\varepsilon^3}$
S. ERGUN, S. ERGUN u. A. A. ORNING	[*38*] [*39*]	$a\left[1 + 96 \cdot b \cdot \frac{1-\varepsilon}{Re}\right]$	$\frac{1-\varepsilon}{\varepsilon^3}$

durchmesser und das Lückenvolumen der Füllkörperschicht ihre Berücksichtigung finden. Die Bedeutung des Lückenvolumens wurde in einer neueren Arbeit von SONNTAG [*148*] untersucht, der seinen Einfluß durch Zusatz multiplikativer Größen in die Druckverlust-Gleichung berücksichtigt und in der zitierten Arbeit auch Zahlenwerte der Faktoren angibt. Zur Berechnung des Druckverlustes einer destillativ betriebenen Füllkörpersäule eignen sie sich jedoch nur, wenn die Berieselungsmenge vernachlässigbar klein ist wie z. B. im hohen Vakuum Dabei ist aber zu beachten, daß bereits durch die Benetzung die Oberflächenrauhigkeit aufgehoben wird.

Für die Berechnung des Druckverlustes mit Berieselung empfiehlt BARTH [*7*] den folgenden Ausdruck:

$$\Delta p = 9{,}064 \cdot 10^{-4} \cdot \frac{f(Re)}{\varepsilon^2} \cdot \frac{h \cdot v^2 \cdot \varrho_G}{r_h} \cdot (1 + k_a) \cdot \left(1 + k_b \frac{B}{3600 \cdot \varepsilon \sqrt{r_h \cdot g}}\right). \quad (28)$$

Hierin ist die Funktion der REYNOLDSschen Zahl von der Füllkörperart individuell abhängig, ebenso die dimensionslose Konstante k_a. Gegenüber den bisher vorliegenden Arbeiten ist es ein neuer Gedanke, die obere Belastungsgrenze in die Druckverlust-Formel einzuführen; dies geschieht dadurch, daß k_b als eine Funktion der an dieser Grenze herrschenden maximalen Gasgeschwindigkeit angegeben ist. Abgesehen davon, daß die Anwendung dieser Gleichung verhältnismäßig umständlich ist, wurde sie auch nur anhand der Daten von MACH [*101*] für Luft—Wasser-Versuche überprüft.

Auf einem wesentlich reicheren Versuchsmaterial und insbesondere auch auf den Ergebnissen von Destillationsversuchen basiert die von HANDS und Mitarbeitern [*59*] abgeleitete Gleichung:

$$\frac{\Delta p}{h} = \frac{2f'}{g \cdot d_p} \cdot A_f \cdot A_p \cdot A_l \cdot \varrho \cdot v^2. \quad (29)$$

Im Aufbau entspricht sie im wesentlichen der von DOERING [*34*] entwickelten allgemeinen Form Gl. (27) für unberieselte Fullkörper. De ψ-Faktor $A_f \cdot A_p \cdot A_l$ berucksichtigt hier jedoch nicht nur die Abhängigkeit des Druckverlustes vom Anteil des von den Füllkörpern nicht eingenommenen Raumes einschließlich des Wandeffektes als Wandfakto (A_f) und als Korrekturfaktor für die Fullkörperform (A_p), sondern mi dem Glied A_l auch noch den Einfluß der Berieselung und Benetzung Zur Berechnung des Reibungsfaktors f greifen sie auf den von CHILTO und COLBURN [*24*] gefundenen Ausdruck fur den turbulenten Bereicl zuruck, da bei Destillationsversuchen stets mit Turbulenz zu rechnen ist Fur unberieselte Vollkorper werden definitionsgemaß A_l und A_p gleich 1 Unter Vernachlassigung des Wandeffektes ($A_p = 1$), was bei kleinei Verhaltnissen von Fullkorperabmessung zu Kolonnendurchmesser statthaft ist, erhalt man dann für den Druckverlust einer Luftströmung durcl eine Schicht Vollkörper den folgenden Ausdruck.

$$\frac{\Delta p}{h} = 1{,}762 \cdot \frac{v^{1,85}}{d_p^{1,15}} \cdot \qquad (30$$

Unabhängig hiervon kam HINTON [*67*] fur diese Bedingungen zu einem ähnlichen Ausdruck:

$$\frac{\Delta p}{h} = 1{,}385 \cdot \frac{v^{1,722}}{d_p^{1,278}} \cdot \qquad (31$$

Hieraus darf man schließen, daß durch diese Gleichungen der Verlauf des Druckverlustes unberieselter Fullkorper recht gut erfaßt wirc

Für mit Wasser berieselte, nicht benetzbare Koksfullkorper verschiedenen Durchmessers verwendete neuerdings GARDNER [*49*] einen volli gleichgebauten Ausdruck:

$$\frac{\Delta p}{h} = \frac{f}{2g \cdot d_p} \left(\frac{1-\xi}{\xi}\right) \left(\frac{f}{K}\right) \left(\frac{1}{\varrho_L}\right) \varrho_G v^2 . \qquad (32$$

Ein Vergleich mit der Gl. (29) zeigt, daß den Ausdrucken A_f, A_p, A folgende Beziehungen entsprechen:

$$A_f = \frac{1-\xi}{\varrho}, \qquad (32\text{a}$$

$$A_p = \frac{f}{K}, \qquad (32\text{b}$$

$$A_l = \frac{1}{\varrho_L} \cdot \qquad (32\text{c}$$

Der hier benutzte Ausdruck f/K entspricht dem von HEYWOOD [*66* vorgeschlagenen Formfaktor. Die Auswertung der experimentellen Date fuhrte zu den folgenden zwei empirischen Beziehungen fur den untere und oberen Geschwindigkeitsbereich:

$$\frac{\Delta p}{h} = K_1 \cdot v^{1,83} \qquad \text{(laminarer Bereich)} \qquad (33$$

$$\frac{\Delta p}{h} = K_2 \cdot B^{0,075} \cdot v^{2,65} \quad \text{(turbulenter Bereich)} \tag{34}$$

K_1 und K_2 sind hierin vom Durchmesser der Koksfullkörper abhangige Konstanten. Allgemeine Bedeutung haben diese Beziehungen jedoch auch nicht, da die Arbeit keine Angaben daruber enthalt, wie sich die Konstanten und Exponenten verandern, wenn man zu anderen Fullkorpern ubergeht. Gerade in dieser Hinsicht bedeutet der folgende, von LEVA [*93, 94*] vorgeschlagene, ebenfalls empirisch gefundene Ausdruck für den Druckverlust einen wesentlichen Fortschritt, da in der Arbeit gleichzeitig die Konstanten und der Anwendungsbereich fur zahlreiche Fullkörperformen und -großen angegeben werden. Der Ausdruck lautet:

$$\frac{\Delta p}{h} = \alpha \cdot 10^{\beta \cdot v_L} \cdot \frac{v_G^2}{\varrho_G} \, . \tag{35}$$

Hierin sind α und β individuelle Fullkorperkonstanten. Der Ausdruck $10^{\beta \cdot v_L}$ ist ein Korrekturglied zur Berucksichtigung des Einflusses, den der Kolonneninhalt infolge der Berieselung auf den Druckverlust ausubt. Er ist also von der Art der Oberflachenbeschaffenheit und der Größe der Fullkorper abhangig. Wenn auch die Oberflachenrauhigkeit auf den Druckverlust berieselter Fullkörper keinen direkten Einfluß ausübt, worauf von MORTON und Mitarbeitern [*110*] besonders hingewiesen wird, so wirkt sie sich aber auf die für eine gute Wirksamkeit erforderliche Benetzung und Flussigkeitsverteilung aus und damit also indirekt auch auf den Druckverlust. Die Große dieses Einflusses laßt sich rechnerisch ohne Versuchsdaten kaum erfassen. Aus diesem Grunde kommt dem von LEVA vorgeschlagenen Weg der experimentellen Bestimmung fur zahlreiche Fullkorper eine große, technische Bedeutung zu. Die Beziehung (35) wurde bisher allerdings nur an den Ergebnissen von Berieselungsversuchen uberprüft, wobei außer Wasser auch Öl und Zuckerlösungen mit verschiedenen Oberflachenspannungen und Viskositaten als Berieselungsflussigkeiten in die Versuche einbezogen wurden. Alle Einflußgrößen richtig zu erfassen, versuchen dagegen REED und FENSKE [*128*] mit der von ihnen auf Grund einer Dimensionsanalyse aufgestellten allgemeinen Beziehung fur den Druckverlust:

$$\frac{(P + 0{,}5\Delta P) \cdot \Delta P \cdot M \cdot (\varepsilon - H)^3}{R \cdot T_p \cdot h \cdot \mu_G \cdot O^3} = c \cdot \left[\frac{v \cdot \varrho_G}{\mu_G \cdot O}\right]^n \, . \tag{36}$$

Aus der Ableitung dieser Gleichung geht hervor, daß sie sich als eine spezielle Form der FANNING-Gleichung auffassen laßt. Gegenuber Ausdrucken anderer Verfasser ist es bemerkenswert, daß sowohl der Gesamtdruck P als auch das Molekulargewicht M direkt eingehen, ferner durch $(\varepsilon - H)$, d. i. der Anteil des durch das Fullkörpervolumen resultierenden freien Raumes abzuglich des durch die Flüssigkeit gebildeten Kolonneninhaltes, der tatsachlich dem aufsteigenden Gas zur Verfügung stehende freie Raum berücksichtigt wird. Die Autoren überprüften ihre Gleichung anhand der im Laufe von 15 Jahren durchgeführten Druckverlust- und Kolonneninhaltsmessungen an Destillationskolonnen. Insgesamt wurden 290 Punkte bestimmt. Hinsichtlich der praktischen Verwendbarkeit zur Vorausberechnung des Druckverlustes ist allerdings zu sagen, daß in den meisten Fällen die zur Berechnung erforderlichen Angaben für den Kolonneninhalt nicht vorliegen. Seine exakte Bestimmung unter Betriebsbedingungen erfordert einen größeren Aufwand als die Vermessung des Druckverlustes. Der Wert dieser Gleichung ist darin zu sehen, daß man durch sie in die Lage versetzt wird, die verschiedenen Einflußgrößen richtig abschätzen zu können.

Zusammenfassend kann man feststellen, daß es bisher noch nicht gelungen ist, eine allgemeingültige Beziehung für den Verlauf des Druckverlustes berieselter Füllkörperschichten aufzustellen, mit der sich der Druckverlust in einfacher Weise vorausberechnen läßt. Die hierfür aufgewendeten Bemühungen führten aber dazu, daß man heute den Einfluß verschiedener Variablen wie der Beschaffenheit der Kolonnenwand, der Füllkörperform und -Oberfläche, der Berieselungsmenge sowie der Stoffeigenschaften von Flüssigkeit und Gas in ihrer Größe abzuschätzen in der Lage ist. Zur Vorausberechnung des Druckverlustes unter Verwendung von Versuchsdaten scheinen sich empirisch aufgestellte Beziehungen nach Art des von LEVA vorgeschlagenen Typus besser zu eignen.

2.3 Die Beziehungen zur Berechnung der unteren und oberen Belastungsgrenzen

Es wurde bereits darauf hingewiesen, daß den aus den Differenzdruckkurven abgeleiteten unteren und oberen Belastungsgrenzen auch in der Wirksamkeitskurve ausgezeichnete Bereiche zugeordnet sind (Abb. 9). So entspricht nach übereinstimmenden Feststellungen der unteren Belastungszone ein Bereich mit minimaler Wirksamkeit. Sowohl nach niederen als auch nach höheren Dampfgeschwindigkeiten nimmt die Trennwirksamkeit einer Füllkörpersäule pro Längeneinheit zu [*15, 44, 50, 21*]. Aus Gründen der Wirtschaftlichkeit wird man, sofern die dann auftretenden verhältnismäßig hohen Druckverluste zulässig sind, stets im Bereich zwischen unterer und oberer Belastungsgrenze — möglichst nahe an der oberen — arbeiten. Da die Wirksamkeit einerseits beim Flutungspunkt am größten ist, aber andererseits oberhalb dieser Dampfgeschwindigkeit stark abfällt, kommt es für die Praxis darauf an, diesen Punkt möglichst genau und schnell für die verschiedenen Betriebsbedingungen bestimmen zu können. Wegen des Wirksamkeitsminimums bei der unteren Belastungszone liegen hier die Verhältnisse ähnlich, wenn sich auch dort eine Fehlbestimmung nicht so entscheidend ungünstig auswirken kann. So ist es nicht verwunderlich, daß im Verlaufe der letzten 20 Jahre bereits zahlreiche Verfahren zur rechnerischen Erfassung der Flutungsgrenze von Fullkorperkolonnen vorgeschlagen und auf ihre Brauchbarkeit eingehend untersucht wurden. Fur die Bestimmung der unteren Belastungszone wurden dagegen erst in neuerer Zeit vereinzelt Berechnungsverfahren angegeben und einer Prüfung unterzogen. Wegen der großen, praktischen Bedeutung dieser Großen sei an dieser Stelle ein Überblick uber die Losungsvorschläge gebracht, zumal einige dieser Vorschlage auch zur Auswertung der Versuchsdaten herangezogen werden sollen.

An dieser Stelle sei darauf hingewiesen, daß die meisten der abgeleiteten Beziehungen auf den Ergebnissen von Luft—Wasser-Versuchen basieren, wahrend wir es im praktischen Betrieb meist mit der destillativen Trennung organischer Flussigkeiten zu tun haben, die gegenuber Luft—Wasser völlig andere physikalische Eigenschaften wie Viskositat, Oberflachenspannung, Dampf- und Flüssigkeitsdichte usw. aufweisen. Wenn es daher auch heute noch nicht moglich ist, die Flutungsgrenze fur alle auftretenden Falle exakt vorauszuberechnen, so haben diese Untersuchungen aber auch hier dazu gefuhrt, daß man die verschiedensten Einflußgroßen kennt und jetzt in der Lage ist, diese qualitativ abzuschatzen.

Die Flutungsgrenze einer Fullkorpersaule ist sowohl abhangig von der Flussigkeitsbelastung als auch von der Geschwindigkeit der aufsteigenden Dampfe oder Gase. Bereits Mach [*101*], White [*102*] sowie Uchida und Fujita [*161*] versuchten, aus ihren Meßergebnissen Beziehungen fur diese Abhangigkeit abzuleiten. Hierzu trugen sie fur die von ihnen untersuchten Fullkorper die zusammengehorigen Dampf- und Flussigkeitsgeschwindigkeiten als Ordinaten und Abszissen gegeneinander auf. Fur geometrisch ahnliche Fullkorper verschiedener Große ergaben sich dann mit Luft als Gas und Wasser als Berieselungsflüssigkeit Scharen ahnlich verlaufender Kurven, wobei die Fullkorperabmessung als Parameter benutzt wurde. Anhand dieser graphischen Darstellungen laßt sich aber die Belastungsgrenze nur fur gleiche Fullkorper mit geometrisch ahnlichen Abmessungen innerhalb des untersuchten Bereiches und fur das System Luft—Wasser vorausberechnen.

Das Verdienst, auf Grund von Dimensionsbetrachtungen eine sehr weit allgemeingültige Beziehung zur Vorausberechnung der Flutungsgrenze von Fullkorpersäulen gefunden zu haben, kommt Sherwood, Shipley und Holloway [*142*] zu. Sie variierten nicht nur die Füllkorperabmessungen, sondern gleichzeitig auch noch in einem weiten Bereich die die Belastbarkeit hauptsächlich beeinflussenden physikalischen Daten der benutzten Gase und Flussigkeiten wie Dichte, Molekulargewicht, Viskositat und Oberflachenspannung. Zur Ableitung ihrer

Beziehung gingen sie davon aus, daß beim Fluten das Gas die erforderliche optimale kinetische Energie hat, um die herablaufende Flussigkeit anstauen zu konnen. Entscheidend ist nicht die auf den Saulenquerschnitt bezogene Geschwindigkeit, sondern die effektive Geschwindigkeit unter Berücksichtigung des dem Gas wirklich zur Verfugung stehenden Raumes. Bezeichnen wir mit F den Querschnitt der Säule in m² und mit ε den Anteil des dem aufsteigenden Gase zur Verfugung stehenden freien Raumes, so gilt fur die effektive Geschwindigkeit v_{eff}

$$v_{\text{eff}} = \frac{v \cdot F}{F \cdot \varepsilon} = \frac{v}{\varepsilon} \quad \left[\frac{\text{m}}{\text{sec}}\right] \tag{37}$$

und fur den hydraulischen Radius r_h

$$r_h = \frac{h \cdot F \cdot \varepsilon}{O \cdot h \cdot F} = \frac{\varepsilon}{O} \quad [\text{m}]. \tag{38}$$

Die optimal zulassige Geschwindigkeit wird um so großer sein, je großer der hydraulische Radius ist und umgekehrt. In die Beziehung geht daher als Ordinate das Quadrat der effektiven Geschwindigkeit im Zahler und der hydraulische Radius im Nenner ein:

$$y = f\left(\frac{v^2 \cdot O}{\varepsilon^2 \cdot \varepsilon} \left[\frac{\text{m}}{\text{sec}^2}\right]\right). \tag{39}$$

Dieser Ausdruck wird dimensionslos, wenn er durch die Erdbeschleunigung dividiert wird:

$$y = f\left(\frac{v^2 \cdot O}{g \cdot \varepsilon^3} \; [1]\right). \tag{40}$$

Fuhrt man statt der linearen Geschwindigkeit $v \left[\frac{\text{m}}{\text{sec}}\right]$ die durch die Dichte dividierte Massengeschwindigkeit ein,

$$G = 3600 \cdot v \cdot \varrho_G \cdot \left[\frac{\text{kg}}{\text{m}^2 \cdot 3600\,\text{sec}}\right], \tag{41}$$

so ergibt sich:

$$y = f\left(\frac{G^2 \cdot O}{g \cdot \varrho_G^2 \cdot \varepsilon^3}\right). \tag{42}$$

Zur Berücksichtigung der unterschiedlichen Dichteverhältnisse und Flüssigkeitsviskositäten wird der Ausdruck noch multipliziert mit dem dimensionslosen Glied des Dichtequotienten $\frac{\varrho_G}{\varrho_L}$ und mit der Flussigkeitsviskositat in der 0,2 ten Potenz. Der nun entstandene Ausdruck ist der Wert der Ordinate nach SHERWOOD und Mitarbeiter. Als Abszisse wahlten sie den Ausdruck:

$$x = \frac{L}{G}\sqrt{\frac{\varrho_G}{\varrho_L}} \quad [1] \tag{43}$$

und berucksichtigten damit die gegenseitige Abhangigkeit von Dämpfe- und Flüssigkeitsbelastung.

Für die von ihnen gemessenen Flutungsgeschwindigkeiten der verschiedenen Systeme und Füllkorper ergab sich ein Kurvenzug. Die Brauchbarkeit dieser Beziehung fur die Flutungsgrenze wurde inzwischen an einer Vielzahl von Druckverlustmessungen auch von anderen Forschern uberprüft. Nach einer Untersuchung von LOBO, FRIEND, HASHMALL und ZENZ [*99*] beträgt fur 16 verschiedene Gas-Flüssigkeitssysteme die mittlere Abweichung der aus Meßwerten hiernach berechneten Daten nur 11,5%. Wenn man berücksichtigt, daß die Reproduzierbarkeit von Differenzdruckmessungen über den gesamten Bereich kaum größer ist, so muß man dieses Ergebnis als ausgezeichnet bezeichnen.

Ähnlich gebaute Beziehungen entwickelten und uberprüften BALLARD und PIRET [*5*] sowie HOFFING und LOCKHART [*68*]. Die letzteren werteten 226 eigene Versuchsdaten sowie 1024 Werte fremder Autoren an Flussig-flussig- und Gasformig-flussig-Systemen aus. Als Abszisse benutzten sie allerdings nicht den von SHERWOOD eingefuhrten Ausdruck:

$$\frac{L}{G}\sqrt{\frac{\varrho_G}{\varrho_L}} \tag{43}$$

sondern das Geschwindigkeitsverhaltnis beider Phasen:

$$x = \frac{v_G}{v_L}. \tag{44}$$

Der Ordinatenausdruck lautet:

$$y = 3{,}33 \cdot 10^{-5} \frac{v_L\, \varrho_L^{0,1}\, \varrho_G^{0,22} \cdot \mu_L^{0,10} \cdot \mu_G^{0,08}}{v_G^{0,20} \cdot \varDelta p^{0,50}} \left(\frac{\sigma_L - \sigma_G}{\sigma_L - \sigma_W}\right)^{0,5} \cdot \left(\frac{O}{\varepsilon^{1,2}}\right)^{0,67}. \tag{45}$$

Bei den uns hier nur interessierenden Gas-Flüssigkeit-Systemen wird der Ausdruck fur Oberflächen- bzw. Grenzflachenspannung praktisch gleich 1, da die Oberflachenspannung der Flüssigkeit gegen den Dampf gemessen nahezu gleich der gegen Luft gemessenen Oberflachenspannung ist. Die mittlere Abweichung aller in die Untersuchung einbezogenen Punkte von der gefundenen Beziehung betragt nur 14,2%. Ebenso wie bei Untersuchungen von LOBO und Mitarbeitern [*99*] handelt es sich auch hier jedoch ausschließlich um die Auswertung von Berieselungsversuchen, bei denen das Gas-Flüssigkeits-Verhaltnis anders als bei Destillationsvorgängen beliebig variiert werden kann.

Ausdrücklich wurde von SHERWOOD und Mitarbeitern [*142*] darauf hingewiesen, daß ein Einfluß der Oberflachenspannung nicht zu finden war. Inwieweit diese Feststellung allgemeine Gültigkeit hat, wurde später von NEWTON, MASON, METCALFE und SUMMERS [*114*] untersucht. Sie veranderten die Oberflachenspannung der Flussigkeit zwischen 72 und 32 dyn/cm. Die Ausbildung der Meßpunkte nach der SHERWOOD-Beziehung ergab eine Kurvenschar. Um wieder zu einem Kurvenzug zu kommen, erweitern sie den Abszissenausdruck mit dem Faktor $\left(\frac{\sigma_w}{\sigma}\right)^3$. Mit Hilfe dieses Korrekturgliedes ließen sich tatsachlich die verschiedenen Kurven, die sich fur unterschiedliche Oberflachenspannungen ergaben, wieder zur Deckung bringen.

Daß die Oberflachen- bzw. Grenzflachenspannung der beiden Phasen einen Einfluß auf die Flutungsgrenze ausubt, zeigt auch die Untersuchung von SAKIADIS und JOHNSON [*132*]. Im Rahmen dieser Arbeit wurden die Ergebnisse von 500 Flutungsbestimmungen fur Flussig-flussig- und Gasformig-flussig-Systeme mit den verschiedensten Füllkörpern und den unterschiedlichsten Versuchsbedingungen ausgewertet. In Anlehnung an die Ableitungen von BERTETTI [*9*] lassen sich die Versuchspunkte am besten durch folgende Beziehungen wiedergeben:

$$1 + 0{,}835\left[\left(\frac{\varrho_D}{\varrho_C}\right)^{1/4}\cdot\left(\frac{v_D}{v_C}\right)^{1/2}\right] = c\left[\frac{v_C^2\cdot\varrho_C\cdot\mu_C^{1/4}}{g\cdot\varepsilon^3\cdot\Delta\varrho}\right]^{-1/4} \tag{46}$$

mit

$$c \cong \left[\frac{3{,}9\cdot\varepsilon^3}{\sigma^{1/4}\cdot\mu_C^{1/4}\cdot O^{6/5}}\right]^{1/4} = c_{RR} \quad \text{fur Raschig-Ringe} \tag{47}$$

$$c \cong c_{RR}\cdot 1{,}432\cdot\varepsilon^{0{,}773} \quad \text{fur Berl-Sattelkörper} \tag{47a}$$

$$c \cong 1{,}172\cdot c_{RR} \quad \text{fur Lessingringe} \tag{47b}$$

$$c \cong 0{,}887\cdot c_{RR} \quad \text{fur Drahtfullkorper} \tag{47c}$$

$$c \cong 0{,}088\cdot c_{RR} \quad \text{fur Kugeln} \tag{47d}$$

$$c \cong 0{,}788\cdot c_{RR} \quad \text{fur „Drip-point-grid“ Fullungen} \tag{47e}$$

Die mittlere Abweichung aller ausgewerteten Meßpunkte betrug ± 13,5% gegenuber 11,5% der Untersuchung von LOBO und Mitarbeitern [*99*], gilt dafur aber sowohl fur Flüssig-flussig- als auch fur Gasformig-flüssig-Systeme. Dabei wurden die einzelnen Variablen innerhalb folgender Bereiche variiert:

ϱ_C Dichte der kontinuierlichen Phase: 0,086 – 159 kg/m³
ϱ_D Dichte der zerteilten Phase: 690 – 1595 kg/m³
μ_C Viskositat der kontinuierlichen Phase: 0,009 – 5,7 cp
μ_D Viskositat der zerteilten Phase: 0,5 – 35 cp
Grenzflachen- oder Oberflachenspannung σ: 8,6 – 73 dyn/cm
Oberflache der Fullung O: 5,9 – 935 m²/m³
Anteil des freien Raumes ε: 0,5 – 0,823 m³/m³
Kolonnendurchmesser: 0,046 – 0,22 m
Kolonnenhohe: 0,6 – 1,5 m

Die Gleichungen gelten allerdings nur in einem mittleren Bereich von v_D/v_C, d. h. nicht fur extrem hohe Geschwindigkeiten der kontinuierlichen Phase ($v_D/v_C \to O$) oder umgekehrt der diskontinuierlichen Phase ($v_D/v_C \to \infty$).

Der Einfluß des Destillationsdruckes auf die Belastungsgrenze wurde kürzlich von SAWISTOWSKI [*134*] untersucht. Ausgangspunkt bildete die SHERWOOD-Beziehung in der Form, wie sie von LOBO und Mitarbeitern [*99*] benutzt wurde. Er fand, daß sich die Kurve als Gerade darstellen läßt, wenn man den Ordinatenausdruck logarithmiert und beide Ausdrücke dann logarithmisch gegeneinander aufträgt.

$$\log\left[\frac{G^2\cdot O}{g\cdot\varepsilon^3\cdot\varrho_L\cdot\varrho_G}\cdot\left(\frac{\mu_L}{\mu_{H_2O}}\right)^{0,2}\right] = -C\left[\frac{L}{G}\sqrt{\frac{\varrho_G}{\varrho_L}}\right]^n. \qquad (48)$$

In der graphischen Darstellung wurde als Schnittpunkt der Geraden mit der Ordinate $C = 1{,}73$ und als Steigung $n = 0{,}25$ gefunden.

Die Diskussion dieser Gleichungen und ihrer Ableitungen ergab, daß bei Unterdruck in den Füllkörpersäulen das Fluten stets am Kopf einsetzt, was auch mit den Beobachtungen der Praxis übereinstimmt.

Bereits DELL und PRATT [*21*] wiesen im Hinblick auf die Abweichungen ihrer neuen Beziehung zur Berechnung der Flutungsgrenze von Füllkörpern für Gas-flüssig-Systeme darauf hin, daß eine bessere Wiedergabe der experimentellen Daten wahrscheinlich durch Berücksichtigung der Oberflächenspannung erreicht würde. Während nach SHERWOOD [*142*] nur die Flüssigkeitsviskosität in den Ordinatenausdruck eingeht, steht bei DELL und PRATT die Gasviskosität im Zähler der Ordinate und das Verhältnis der Flüssigkeits- zur Gas-Viskosität in der Abszisse. Die Beziehung wurde von den Autoren an den Messungen von BAIN und HOUGEN [*3*] sowie SCHOENBORN und DOUGHERTY [*136*] geprüft. Auch von LEVA [*74*] wurde der Zustand des Flutens eingehend untersucht, wobei insbesondere die umfangreichen Messungen von LUBIN [*100*] ausgewertet wurden. Als Ergebnis dieser Untersuchung kommt LEVA zu einer für die Praxis sehr zweckmäßigen Darstellung, die in Abb. 11 gezeigt ist. Als Ordinate verwendet er den Ausdruck:

$$y = \frac{G^2\cdot O\cdot \varrho_{H_2O}^2\cdot \mu_L^{0,2}}{\varrho_G\cdot\varepsilon^3\cdot\varrho_L^3\cdot 9{,}81} \qquad (49)$$

und als Abszisse die bereits von SHERWOOD benutzte Größe:

$$x = \frac{L}{G}\sqrt{\frac{\varrho_G}{\varrho_L}}\,. \qquad (50)$$

Bei der Größe $\frac{O}{\varepsilon^3}$ handelt es sich um eine spezifische Füllkörperkonstante, in der die Art der Füllkörper und ihre Größe Berücksichtigung finden. Als Parameter sind in Abb. 11 Linien gleichen Druckverlustes sowie zusätzlich Kurven zur Abschätzung der unteren und oberen Belastungsgrenzen eingetragen.

Daß diese Darstellungsart allgemein verwendbar, also nicht nur auf Füllkörperkolonnen beschränkt ist, zeigen die für Spraypak-Kolonnen von PRATT und Mitarbeitern [*105*, *127*] sowie für Turbogrid-Kolonnen von der Firma Shell entwickelten Verfahren zur Bestimmung der Belastungsgrenze dieser Kolonnen. So benutzt PRATT [105] fur Spraypak-Füllungen

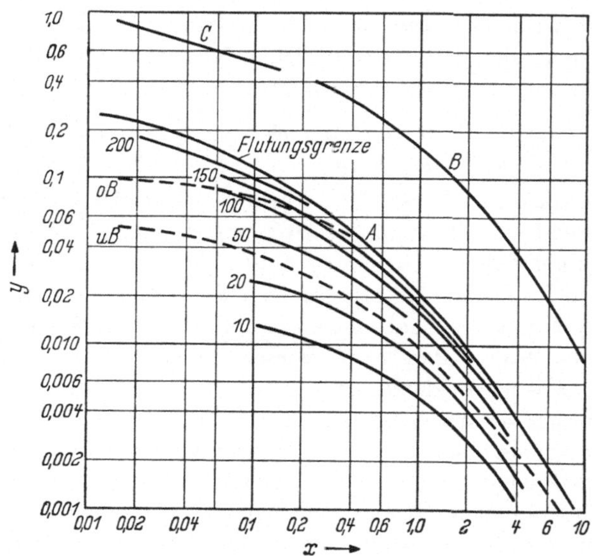

Abb. 11 Belastungsdiagramm (nach SHERWOOD)

$$y = \frac{G^2 \cdot O \cdot \varrho_{\mathrm{H_2O}}^2 \cdot \mu_L{}^{0,2}}{\varrho_G \cdot \varepsilon^3 \cdot \varrho_L^3 \cdot 9{,}81}; \qquad x = \frac{L}{G}\sqrt{\frac{\varrho_G}{\varrho_L}}$$

oB obere Belastungsgrenze; *uB* untere Belastungsgrenze
Flutungsgrenzen *A* fur regellose Schuttung, *B* fur geschichtete Raschig-Ringe, *C* fur Horden-Fullung
Parameter Druckverlust in mmWS/m Fullhohe

in der graphischen Darstellung zur Bestimmung der Belastungsgrenze den bereits von SHERWOOD bekannten Abszissenausdruck (50), als Ordinate verwendet er die Formel:

$$y = v\sqrt{\frac{\varrho_L}{\varrho_G}} \cdot c, \tag{51}$$

in der c eine von den Abmessungen der Fullung abhangige, empirische Große ist. Interessant ist, daß die Belastungsgrenze von Spraypak-Fullungen außer von dem Dichteverhältnis nur noch von dem Abmessungsglied c beeinflußt wird. Weder für die Viskosität noch für die Oberflächenspannung konnte ein Einfluß bisher festgestellt werden, obgleich bei den zugrunde liegenden Versuchen diese Größen in weiten Grenzen variierten. Zwangsläufig erhebt sich damit die Frage, ob sich nicht auch zur Bestimmung der Belastungsgrenze von Schüttfüllungen derartig einfache Beziehungen finden lassen. Um dies entscheiden zu können, muß man sich zunachst uberlegen, ob fur beide Fullungsarten die Belastungsgrenze gleich definiert ist bzw. auf die gleichen Ursachen zurückgefuhrt werden kann. Fur beide Fullungsarten ist bei Erreichen der Flutungsgrenze die kinetische Energie des aufsteigenden Dampfes gerade großer als die der ablaufenden Flussigkeit, da die Flüssigkeit am Kopf angestaut wird. Auf eine Querschnittseinheit bezogen, dürfte die beim Fluten festgehaltene bzw. angestaute Flüssigkeitsmenge fur eine bestimmte Fullungsart nahezu konstant sein, was gleichbedeutend ist mit einer konstanten Flüssigkeitsenergie. Hieraus würde tatsächlich folgen, daß die Belastungsgrenze außer von einer Fullkorperkonstanten nur noch abhängig ist von den Dichten der beiden Phasen sowie ihrem Mengenverhaltnis. Zur Bestimmung der Flutungsgeschwindigkeit käme es dann lediglich darauf an, daß man die individuelle Füllkorperkonstante kennt. Da in der Praxis nur eine verhältnismäßig geringe Zahl verschiedener Fullkorperarten wie Raschig-Ringe, Berl-Sattelkorper, Kugeln usw. in allerdings recht unterschiedlichen Abmessungen benutzt werden, ware es nur notwendig, daß man nach dem von PRATT und Mitarbeitern [*105*] vorgezeichneten Weg für jede Füllkörperart die Fullkorperkonstante auf einige charakteristische Abmessungen zurückfuhrt. Dieses Verfahren würde dem von LEVA [*94*] vorgeschlagenen Wege zur Vorausberechnung des Druckverlustes in Abhängigkeit von der Dampfgeschwindigkeit nach der bereits erwahnten empirischen Gl. (35) entsprechen.

Wahrend bei den bisher erwahnten Verfahren zur Ermittlung der Belastungsgrenze von der Dampfgeschwindigkeit bzw. der aufsteigenden Dampfmenge ausgegangen wird, können wir auch von der Flüssigkeitsgeschwindigkeit bzw. der herablaufenden Flüssigkeitsmenge ausgehen. So untersuchten ELGIN und WEISS [*77*] den Einfluß, den die Flussigkeitsgeschwindigkeit auf die Belastungsgrenze ausubt. Sie kommen dabei zu einer der SHERWOOD-Beziehung ahnlichen Abhangigkeit. Daß sich fur die Belastungsgrenze Dampf- und Flüssigkeitsgeschwindigkeit wechselseitig beeinflussen, zeigen besonders schon die Versuche von LERNER und GROVE jr. [*92*]. Auf Grund ihrer Versuchsergebnisse konnten sie sowohl für die obere als auch fur die untere Belastungsgrenze die in Tab. 3 angegebenen Gleichungen für die Abhängigkeit der ausgezeichneten Geschwindigkeiten beider Phasen ableiten. Unbefriedigend ist allerdings, daß es den Autoren ebensowenig wie vorher WHITE [*102*] gelang, aus ihren Versuchsergebnissen weder eine für alle Fullkorperarten allgemeingültige Abhängigkeit, noch wenigstens fur eine Füllkorperart verschiedener Große eine zutreffende Beziehung abzuleiten. In Tab. 3 sind die Gas-(massen)-Geschwindigkeiten für die untere und obere Belastungsgrenze sowohl von $^1/_2''$ und 1″ Berl-Sattelkörpern als auch von $^1/_2''$ und 1″ Raschig-Ringen, wie sie von LERNER und GROVE abgeleitet wurden, angefuhrt. Die Gas-(massen)-Geschwindigkeit erhalt man aus der auf

Tabelle 3. *Beziehungen an der Flutungsgrenze* (nach LERNER u. GROVE [*92*])

Fullkorperart	untere Belastungsgrenze	obere Belastungsgrenze
$^1/_2$″ Berlsattel	$G = 4467 - 7{,}482\, L^{0,54}$	$G = 6191 - 12{,}257\, L^{0,54}$
1″ Berlsattel	$G = 6640 - 8{,}175\, L^{0,537}$	–
$^1/_2$″ Raschig-Ringe	$G = 2978 - 2{,}256\, L^{0,631}$	$G = 4975 - 3{,}887\, L^{0,631}$
1″ Raschig-Ringe	$G = 4931 - 1{,}813\, L^{0,631}$	$G = 7910 - 5{,}338\, L^{0,631}$

Dimension der Flussigkeitsbelastung L und der Gasbelastung G in kg/m²h

den leeren Kolonnenquerschnitt bezogenen Gasgeschwindigkeit durch Multiplikation mit der Gasdichte. Sowohl die Gas- als auch die entsprechenden Flussigkeitsbelastungen lassen sich, wie zu erwarten war nicht beliebig steigern, sondern streben Grenzwerten zu. Wohl lassen sich für beide Phasen diese Grenzgeschwindigkeiten uberschreiten. Es ergeben sich dann aber Druckverluste, die über den Druckverlusten der Belastungsgrenze von etwa 300 mm WS/m Fullhohe liegen, bei der sich ein Gleichgewichtszustand zwischen beiden Phasen einstellen kann. In diesem Belastungsbereich ist also nur noch der Einphasenstrom stabil

Aber nicht nur nach oben, sondern auch nach unten besteht fur die Flussigkeitsbelastung eine Grenze, wie uberzeugend von PRATT [*127*] experimentell belegt werden konnte. Er fand, daß unterhalb einer bestimmten, niedrigen Flussigkeitsbelastung der Austauschkoeffizient stark abnimmt, da dann offenbar die Flussigkeitsmenge nicht mehr ausreicht, um eine vollige Benetzung der zur Verfügung stehenden Austauschflache zu erreichen. Lediglich in engen Grenzen laßt sich diese untere Flussigkeitsbelastung durch Zugabe oberflachenaktiver Substanzen oder durch Anpassung der Fullkorperoberflache an die Grenzflacheneigenschaften der zu trennenden Flussigkeiten beeinflussen. Hierher gehort auch die bei Labor- und Versuchskolonnen geubte Praxis eine optimale Benetzung der Fullkorper dadurch zu erzielen, daß man die Kolonne zu Beginn zum „Kotzen“ bringt, d. h. uberlastet [*14, 18 33, 138, 139, 171*].

Ebenso wie die Belastungsgrenze ist auch der Druckverlust sowohl von der Gasgeschwindigkeit als auch von der Flussigkeitsbelastung wechselseitig abhangig. Wahrend das aufsteigende Gas die Tendenz hat den ihm zur Verfugung stehenden Raum gleichmaßig auszufullen, verteilt sich die herablaufende Flussigkeit nicht ohne weiteres gleichmaßig uber die Kolonneneinbauten und Fullungen. Da jedoch von allen im vorhergehenden genannten Verfassern bei ihren Betrachtungen eine ideale Flussigkeitsverteilung vorausgesetzt wurde, wäre zu prufen, wann diese tatsachlich als ideal angenommen werden und welchen Einfluß ein hiervon abweichendes Verhalten haben kann. Mit diesem Problem hangt zugleich eng zusammen die Frage, in welchem Maße die Oberflache de

Füllkörper benetzt wird, d. h. welche Größe der Austauschfläche in einer Füllkörperkolonne zur Verfügung steht. Bevor man diese letzte Frage beantworten kann, muß man sich noch näher mit den die Flüssigkeitsverteilung beeinflussenden Faktoren befassen.

2.4 Der Einfluß der Flüssigkeitsverteilung und der Größe der Austauschfläche

Bereits seit langem weiß man, daß sich eine völlig gleichmäßige Flüssigkeitsverteilung mit dauernder Erneuerung der Oberfläche nicht ohne weiteres realisieren laßt. Als einer der ersten untersuchte WEIMANN [*165*] den Einfluß der Rieselhöhe auf die Flüssigkeitsverteilung. Er fuhrt die Neigung zur Randgängigkeit der Rieselflussigkeit auf die in Richtung des Saulenrandes großer werdende Fullkorperzahl zurück. Weiter fand er, daß sich bei Vergrößerung der Rieselmenge der Verteilungskegel fur die Flussigkeit abstumpft. In gleicher Richtung wirkt auch eine Vergroßerung der Zahigkeit der Rieselflüssigkeit. Schließlich weist WEIMANN auf folgende Punkte besonders hin:

1. Da bei Raschig-Ringen die Füllkorper an der Kolonnenwand nicht regellos, sondern uberwiegend parallel zur Wand gelagert sind, wird die Ableitung des Flussigkeitsanteils, der einmal an die Saulenwand gelangt ist, betrachtlich erschwert.
2. Bei gleichem Säulendurchmesser und gleicher Rieselmenge steigt die Neigung zur Randgangigkeit mit der Füllkörpergröße.
3. Eine Vergroßerung des Saulendurchmessers begünstigt bei gleichbleibender Fullkorpergroße und gleicher Rieselhöhe die Flüssigkeitsverteilung.
4. Von einer bestimmten Rieselhöhe an ändert sich die Flüssigkeitsverteilung in der Saule nicht mehr.
5. Gegenuber der Flüssigkeitsverteilung ohne Gasbelastung (Einphasenstrom) ist bei geringen Dampfebelastungen eine Neigung zur Bach- oder Kanalbildung festzustellen.

Über den Einfluß der Flüssigkeitsaufgabe auf die Flussigkeitsverteilung insbesondere auch in Anhangigkeit von der Fullhöhe liegen zahlreiche experimentelle Untersuchungen vor [*2*, *4*, *74*, *75*, *127*, *141*, *158*].

Übereinstimmend zeigen sie alle, daß stets eine gewisse Anlaufstrecke nach der Flussigkeitsaufgabe benotigt wird, um eine gleichmäßige Verteilung über den Querschnitt zu erreichen. Bei zentraler Aufgabe betragt sie etwa 50 cm. Sie laßt sich durch eine Aufteilung der zentralen Aufgabe in viele entsprechend über den Querschnitt verteilte Aufgabestellen verringern.

In dieser Hinsicht besonders aufschlußreich sind die von TAKEYA [*158*] durchgefuhrten Absorptionsversuche in einer Fullkorpersäule von

450 mm Durchmesser mit Fullhohen von 750, 1500 und 2300 mm unter Verwendung von 35 mm-Porzellan-Raschig-Ringen. Er bestimmte die Flüssigkeitsverteilung in Abhangigkeit von der Fullhohe fur Flussigkeitsbelastungen zwischen 15 und 44 m³/m²h. Hierfur wurde die aus dem als Rost ausgebildete Fullkorperauflage ablaufende Flussigkeit einmal in drei flachengleichen konzentrischen Ringen, andermal in vier Kreissegmenten aufgefangen. Von 750 mm Fullhohe an ist die Flüssigkeitsverteilung in den drei Ringen von der Fullhohe nahezu unabhangig. Wahrend in dem außeren Ring in jedem Falle die großere Menge herabläuft, ist sie im mittleren Ring stets am kleinsten. Ein derartiges Verteilungsprofil wurde von SCOTT [*141*] bei unbegasten Fullkorpern nur bis zu einer Fullhohe von 500 mm gefunden. Dabei ist allerdings zu bedenken, daß sich die SCOTTschen Ergebnisse nur auf sehr geringe Berieselungsdichten von 0,293 bis 1,465 m³/m²h beziehen, wahrend die Rieselmengen der hier betrachteten Versuche zwischen 15 und 44 m³/m²h lagen. Daß die Rieselmenge in dieser Richtung einen Einfluß ausubt, zeigt auch ein Vergleich der Mengenverteilungen fur 400 und 500 mm Fullhohe der SCOTTschen Versuche. Wahrend bei 400 mm Fullhohe fur alle Flüssigkeitsbelastungen das auch von TAKEYA gemessene Verteilungsbild gefunden wurde, traf dies bei 500 mm Fullhohe nur noch fur die beiden hochsten Flussigkeitsbelastungen zu. Die Ergebnisse von SCOTT schließen also nicht aus, daß bei wesentlich hoheren Flussigkeitsbelastungen das fur geringe Fullhohen ermittelte Verteilungsbild auch fur großere Fullhohen noch zutrifft. Aus den Versuchen von TAKEYA geht weiter sehr schon der Einfluß der Rieselmenge hervor. Wahrend bei der geringen Flussigkeitsbelastung von 15 m³/m²h auf die Randzone mehr als 52% der Flussigkeitsmenge entfallen, sind es bei Belastungen von 25 bis 44 m³/m²h nur 42 bis 47%. Mit steigender Flussigkeitsbelastung gleichen sich die Berieselungsdichten uber den Querschnitt immer mehr aus.

Aus diesen Ergebnissen sollte man erwarten, daß die Berieselungsdichte einer Fullkorpersaule im gleichen Abstand vom Mittelpunkt bei gleichmaßiger Aufgabe am Kopf uber den gesamten Umfang konstant ist. Die von TAKEYA für die Kolonnenlange gemessenen Flussigkeitsmengen in vier Kreissegmenten ergaben jedoch uberraschenderweise, daß sich langs der Kolonnenlange Zonen mit gleichen und ungleichen Flussigkeitsmengen abwechseln. Bei ungleicher Verteilung entsprechen sich jeweils die Mengen der gegenuberliegenden Segmente. Auch hier werden die Unterschiede mit steigender Flussigkeitsbelastung immer kleiner. Bei dem fur Destillationen im allgemeinen in Betracht kommenden Bereich der geringen Flussigkeitsbelastungen durften die Unterschiede stets recht beachtlich sein. Diese Beobachtungen sind von ausschlaggebender Bedeutung fur die Beurteilung von Fullkorpersaulen. Mit ihrer Hilfe laßt sich z. B. leicht erklaren, weshalb Fullkorpersaulen bei unendlichem

Rucklaufverhaltnis, d. h. großtmoglicher Flüssigkeitsbelastung, stets die hochste Trennwirkung aufweisen, und daß mit fallenden Rucklaufverhaltnissen, also fallender Flussigkeitsbelastung die Austauschwirkung einer Fullkorpersaule geringer wird. Diese Verhaltnisse sind zwar bereits oft beobachtet worden [*21*, *51*, *60*, *112*, *122*, *175*], ohne daß aber bisher eine plausible auf Versuchsergebnissen beruhende Erklarung hierfur abgegeben werden konnte. Diese ungleichformige Flussigkeitsverteilung und die dadurch bedingten Unregelmaßigkeiten des herablaufenden Flussigkeitsfilms uber den Kolonnenquerschnitt sehen auch Jantzen und Mitarbeiter [*84*] als verantwortlich fur den Wirksamkeitsabfall mit fallendem Rucklaufverhaltnis an. In diesem Zusammenhang sei auch eine Untersuchung von Stuke [*156*] zur Rektifikation in Fullkorpersaulen erwahnt, in der er zeigte, daß bei Füllkorpersaulen auf Grund der gegenlaufigen Bewegung von Dampf und Flüssigkeit stets mit Unregelmaßigkeiten des Flussigkeitsfilmes zu rechnen ist und daß ein am einzelnen Fullkorper ungleichmaßig ablaufender Flussigkeitsfilm die Trennleistung der Kolonne erheblich herabsetzt. Neben diesen zwangslaufigen Unregelmäßigkeiten gibt es aber auch noch solche, die von der Art der Fullkorper, den Flussigkeitseigenschaften, der Kolonnenbelastung und dem Destillationsdruck (bzw. der Destillationstemperatur) abhangen. Die bei kleinen Belastungen zu erwartende hohe Trennwirkung ist nur bei weitgehend gleichmaßiger Benetzung erzielbar und erfordert in dieser Hinsicht geeignete Fullkorper. Bei großerer Belastung und guter Benetzung wirken sich Unregelmaßigkeiten des Filmes zunehmend ungunstig auf die Trennleistung aus. Nach Stuke [*156*] treten sie um so leichter auf, je großer die Dichte und je kleiner die Zahigkeit sowie die Oberflachenspannung der Flussigkeit ist.

Wir sahen, daß die Flussigkeitsverteilung längs der Kolonnenlange in flachengleichen konzentrischen Ringen nach der Anlaufstrecke von der Hohe nahezu unabhangig ist. Wenn die Verteilung einen Einfluß auf die Belastbarkeit bzw. den Druckverlust ausubt, so durfte lediglich in der Anlaufstrecke ein Einfluß festgestellt werden. Nach einer Untersuchung von Newton, Metcalfe und Mason [*115*] andert sich tatsächlich nur bei geringen Fullhohen die optimale Belastbarkeit (unterhalb 1500 mm Fullhohe). Für Raschig-Ringe wurde bis herab zu 300 mm Fullhohe praktisch kein Unterschied festgestellt, wahrend bei Berl- und Intalox-Sattelkorpern fur geringe Flüssigkeitsbelastungen die Flutungsgrenze bis zu Fullhohen von 1500 mm noch merklich abnahm. Mit steigender Flussigkeitsbelastung wird der Unterschied immer geringer, bis er schließlich ganz verschwindet. Auf Destillationsverhaltnisse ubertragen bedeutet das, daß bei geringen Rucklaufverhaltnissen und im Vakuum fur die Berechnung der Belastungsgrenze die Kolonnenlange berucksichtigt werden muß.

In der Praxis hat sich gezeigt, daß es gar nicht so einfach ist, bei großen Kolonnen die Rücklaufflüssigkeit gleichmäßig über den Querschnitt an mehreren Stellen aufzugeben. Es wurden hierfur zahlreiche Aufgabevorrichtungen vorgeschlagen und zum Patent angemeldet [*2*, *65*, *73*, *80*, *97*, *107*].

Die von HESKY [*65*] entwickelte Verteilungsdüse gewährleistet eine besonders gleichmaßige Verteilung über den Querschnitt. Gegenüber den üblichen Loch- oder Überlaufböden hat diese Aufgabevorrichtung den großen Vorteil, daß sie praktisch keine Anlaufstrecke benötigt, da bereits die Fullkörper der obersten Schicht nahezu gleichmaßig benetzt werden. Der Einsatz ist allerdings in Frage gestellt, wenn die aufgegebenen Flüssigkeiten zu Nebelbildung neigen, so daß sie gegebenenfalls von den Inertgasen durch den Kondensator gerissen werden. Diese Gefahr ist bei unter Vakuum arbeitenden Destillationskolonnen mit meist nur sehr geringen Flüssigkeitsbelastungen besonders groß, obgleich gerade hier der Einsatz der Verteilungsdüse erwünscht wäre. Aus den Versuchen von BAKER und Mitarbeitern [*4*] war bereits zu entnehmen, daß die Flüssigkeitsverteilung mit steigender Belastung günstiger wird. Insbesondere verkleinert sich dann die Anlaufstrecke.

Wenn die Ansichten über den Einfluß der Kolonnenlängen weit auseinandergehen, so dürfte dies damit zusammenhängen, daß sich die Versuchsbedingungen und auch die Zielsetzungen bei der Durchfuhrung der Versuche zu sehr unterscheiden. Wahrend bei BAKER und Mitarbeitern [*4*] die Schichthohe maximal 3 m betrug, wobei der Kolonnendurchmesser zwischen 150 und 600 mm, die Füllkorperabmessungen zwischen 13,5 und 20 mm variierten, benutzte SCOTT [*141*] eine Kolonne von 114 mm Durchmesser, die mit 13-mm-Lessingringen auf eine Länge von 4,6 m gefullt war. Sowohl nach den Ergebnissen von BAKER als auch nach denen von ARNOLD [*2*] andert sich die Flüssigkeitsverteilung bei Rieselhöhen über 1,50 m nur noch wenig. Den Versuchen von SCOTT ist dagegen zu entnehmen, daß sich das Verteilungsbild der Flussigkeit bei großen Rieselhöhen zugunsten einer gleichmäßigen Verteilung andert. Es muß allerdings erwähnt werden, daß es sich hierbei um Rieselversuche ohne Gasbelastung handelte.

Je ungleichmäßiger die Flüssigkeit über den Querschnitt verteilt ist, desto geringer wird auch die Wirksamkeit der betrachteten Fullkorperschicht sein. Die fur verschiedene Kolonnenlängen unter sonst vergleichbaren Bedingungen durchgefuhrten Wirksamkeitsbestimmungen lassen daher auch Rückschlüsse auf die Flüssigkeitsverteilung uber den Querschnitt bzw. uber die Größe der Austauschflache zwischen aufsteigendem Dampf- und herablaufender Flussigkeit zu. Bei Verwendung eines Verteilerrades fur die Flussigkeitsaufgabe fand KIRSCHBAUM [*76*] überraschenderweise, daß die spezifische Wirksamkeit in der Anlaufstrecke merklich über der in Schichthöhen über 1 m gemessenen Wirksamkeit liegt. Besonders auffallend ist weiter, daß hiernach bei Schichthohen bis 0,5 m auch die Belastungsgrenze um mehr als 30% hoher liegt als bei Fullhöhen von 1 m und darüber. Es liegt allerdings die Vermutung nahe, daß der ohnehin durch die Blase vorhandene Boden nicht abgezogen wurde oder daß die Wirksamkeit der Blase infolge partieller Kondensation wesentlich mehr als 1 Boden betrug. Nimmt man das erste an, so steigt, wie zu erwarten war, die spezifische Bodenzahl mit der Fullhohe stark an, um dann langsam abzufallen. Dieses Bild stimmt dann mit den Beobachtungen der Flussigkeitsverteilung nach BAKER völlig uberein.

Es wurde bereits darauf hingewiesen, daß wegen der für unbekannte Verhaltnisse nur schwer abschatzbaren Neigung zur Randgängigkeit eine über eine großere Kolonnenlänge gleichmaßige Flüssigkeitsverteilung kaum zu erreichen ist. Damit erhebt sich sofort die Frage, was man unternehmen kann, um die Randgängigkeit zu vermeiden, so daß die Verhaltnisse an der Wand nicht anders sind als an einer beliebigen anderen Stelle des Kolonnenquerschnittes. Bereits den Untersuchungen von BAKER [*4*] war zu entnehmen, daß Fullkorper mit geraden Flächen wie z. B. Raschig-Ringe mehr zur Randgängigkeit neigen als andere Fullkorperarten. Die Ursache durfte, wie WEIMANN [*165*] sagte, darin zu suchen sein, daß sich diese Fullkorper bevorzugt parallel zur Wand ordnen, so daß schrage, zur Mitte gerichtete Ableitflachen fur die Rücklaufflüssigkeit fehlen. Durch geeignete Ausbildung der Fullkorper laßt sich also die Randgängigkeit wesentlich verringern. In dieser Hinsicht haben sich die von LEVA eingefuhrten Intalox-Sattelkorper [*93, 94, 95, 168*] besonders bewährt.

Eine weitere Möglichkeit, die schadlichen Wirkungen des Randeinflusses zu verringern, besteht darin, der Kolonnenwand eine solche Form zu geben, daß die an die Wand gelangte Flussigkeit wieder zur Mitte abgeleitet wird. In einfachster Weise läßt sich dies z. B. dadurch erreichen, daß man in die Fullkorperschicht an der Kolonnenwand eng anschließende und schrag zur Mitte nach unten gerichtete konische Verteilerboden bzw. Abstreifer einbaut [*63*]. Bereits seit langem wird hierfur der sogenannte PRYMsche Verteilerboden benutzt, der in ahnlicher Form auch von WEIMANN [*165*] empfohlen wurde. Inwieweit sich durch eine besondere Formgebung der Kolonnenwand die Randgangigkeit und damit die Wirksamkeit beeinflussen laßt, wurde eingehend von STURMANN [*155*], GROSSE-OETRINGHAUS [*103, 104*], sowie neuerdings von KIRSCHBAUM [*79*] untersucht. Übereinstimmend wird gefunden, daß sich durch Veranderung der Wandform in geringen Grenzen eine Wirksamkeitssteigerung der Trennsaule erreichen läßt. Aus den Untersuchungen von STÜRMANN in Kolonnen von 80 und 160 mm Durchmesser ist aber bereits ersichtlich, daß der Einfluß der Wandform mit steigendem Kolonnendurchmesser abnimmt, so daß sich fur technische Anlagen mit Durchmessern uber 500 mm der zusatzliche Aufwand fur eine besondere Ausbildung der Wandform kaum lohnen durfte. Die Tatsache, daß die Randgangigkeit durch die Wandform beeinflußt wird, ist aber insofern bedeutsam, als man sich nun ein viel besseres Bild uber die Stromungsvorgange im Inneren einer Fullkorpersaule machen kann.

Nach Versuchen von WEBER [*23*], SCHNEIDER [*135*] und PERKTOLD [*121*] laßt sich die Flussigkeitsverteilung uber den Kolonnenquerschnitt in Abhangigkeit von der Schichthöhe auch durch die Art der Fullkorperschuttung beeinflussen. Werden gleichformige Fullkorper wie z. B. Raschig-Ringe von der Wand des Turmes aus geschüttet, so erhalt die herablaufende Flussigkeit eine bevorzugte Stromungsrichtung zur Kolonnenmitte, da die Fullkorper bevorzugt schrag nach innen gerichtet sind. Eine umgekehrte Stromungsrichtung von der Mitte zur Wand laßt sich erzielen, wenn man die Fullkorper von der Mitte ausgehend zum Rand hin schichtet. Durch die Art der Schuttung hat man es hiernach in der Hand, die herablaufende Flussigkeit zur Mitte oder zum Rand hinzulenken. In der Praxis hat sich diese Methode zur Regulierung der Flussigkeitsverteilung aus verschiedenen Gründen nicht bewahrt. Die einmal an die Wand gelangte Flussigkeit kann durch diese Art der Fullkorperschichtung nur zu einem sehr geringen Teil wieder abgelost werden, da auch bei dieser Schuttung die Fullkorper an der Kolonnenwand bevorzugt parallel zur Wand zu liegen kommen. Weiterhin ist zu beachten, daß die Fullkorperschicht wahrend des Betriebes arbeitet, d. h. die Fullkorper verandern, wenn auch nur wenig, ihre Lage. Dies geschieht um so schneller, je haufiger die Kolonne uberlastet wird. Wenn also bei einer Fullkorperkolonne durch Verwendung eines besonderen Schuttverfahrens zunachst nur geringe Neigung zur Randgangigkeit beobachtet wurde, so stellt sie sich aber mit zunehmender Betriebsdauer immer mehr ein, bis schließlich ein Einfluß der Schuttung überhaupt nicht mehr festzustellen ist. Das Verfahren nach WEBER stellt also keinen fur die Praxis gangbaren Weg zur Verminderung der Randgangigkeit dar.

Die Wirksamkeit einer Füllkörpersaule wird in starkem Maße beeinflußt durch die Größe der benetzten Füllkorperoberflache und die bei ungenügender Benetzung vorhandene Neigung zur Bachbildung. Beide Probleme wurden bereits eingehend sowohl vom theoretischen Standpunkt als auch experimentell untersucht. So bestimmten MAYO und Mitarbeiter [*106*] fur $^1/_2$''- und 1''-Raschig-Ringe die Große der benetzten Oberflache in Abhangigkeit von der Fullhohe und der Flüssigkeitsgeschwindigkeit. Zur Charakterisierung der Kolonnenhöhe benutzten sie das Verhaltnis von Kolonnenlange zu Kolonnendurchmesser. Sie fanden, daß sich das Verhältnis der benetzten Oberflache von Kolonnenwand und Fullkorpern nur in der Anlaufstrecke andert. Bei konstanter Flussigkeitsbelastung beeinflußt hiernach die Gasbelastung die Größe der Austauschflache bis zum Flutungspunkt nicht. Innerhalb eines sehr engen Geschwindigkeitsbereiches beim Flutungspunkt steigt dann die benetzte Oberflache von z. B. 35% auf 100%. Dagegen wirkt sich eine Erhöhung der Flussigkeitsbelastung auch bei konstanter Dampfgeschwindigkeit in einer Vergroßerung der Austauschflache aus. Damit erklart sich, daß die Filmdicke innerhalb eines weiten Bereiches weder von der Gasgeschwindigkeit noch von der Flussigkeitsbelastung beeinflußt wird. Der in der Kolonne arbeitende Flussigkeitsinhalt ist deshalb auch uber einen weiten Bereich eine lineare Funktion der benetzten Oberflache.

Zur Beschreibung der Benetzungsverhaltnisse von Füllkorperkolonnen benutzte PRATT [*127*] die auf die Zeiteinheit und die lineare Füllkorperausdehnung bezogene optimale Flussigkeitsbelastung, unterhalb der eine gleichmaßige Benetzung nicht mehr zu erreichen ist (M.E.L.R.: Minimum Effective Liquid Rate). Mit Hilfe dieser Große wurden die Benetzungsverhaltnisse zahlreicher fruherer experimenteller Untersuchungen uberpruft. Als untere Grenzwerte ergaben sich Flüssigkeitsbelastungen zwischen 0,025 m^3/m^2h und 0,17 m^3/m^2h. Diese Grenzwerte sind außer vom System vor allem von der Austauschart wie Verdampfung, Destillation oder Absorption abhängig. Fur die im allgemeinen bei hoheren Temperaturen und damit geringeren Viskositaten sowie Grenzflachenspannungen stattfindenden Verdampfungs- und Destillationsvorgangen macht die zur vollstandigen Benetzung erforderliche minimale Flussigkeitsmenge etwa 20 bis 40% der Menge aus, die fur entsprechende Absorptionsvorgange benotigt wird. Die Auswertung der Literaturdaten ergab, daß bei den meisten Untersuchungen die zur Benetzung erforderliche minimale Flüssigkeitsmenge nicht zur Verfugung stand. Diese Feststellung besagt, daß in den jeweils untersuchten Bereichen eine Zunahme der Flussigkeitsbelastung sich in Übereinstimmung mit den Beobachtungen von MAYO und Mitarbeitern [*106*] in einer entsprechenden Vergrößerung der Austauschflachen bis zu einer 100%igen Benetzung auswirken kann. Bei weiterer Steigerung der Rieselmenge muß dann die Filmdicke und damit auch der Arbeitsinhalt der Kolonne zunehmen.

Der Einfluß der Flussigkeitsbelastung auf die Filmdicke ist bei Rieselfilmen besonders deutlich zu erkennen, da hier die Große der Rieselflache eindeutig definiert ist. Entsprechende Messungen wurden z. B. von BANCROFT und RAE [*6*] an einer Rieselblechkolonne von 1520 mm Durchmesser vorgenommen. Bemerkenswert an diesen Messungen ist, daß die Filmdicke nicht nur mit der Rieselmenge, sondern auch mit dem Plattenabstand zunimmt. Damit erklart sich die wesentlich größere Wirksamkeit kleinerer Fullkorper gegenuber großeren und zwar vor allem, wenn sie vollstandig benetzt sind.

Um auch bei kleinen Füllkörpern eine vollständige Benetzung zu erreichen, wird bereits seit langem empfohlen, die Kolonne vorher zum Fluten zu bringen, da beim Fluten, wie bereits oben beschrieben, die günstigste Flüssigkeitsverteilung und damit die größte Austauschfläche zwischen Dampf- und Flüssigkeit erzielt wird. Die von verschiedenen Seiten durchgeführten Untersuchungen bestätigten, daß sich reproduzierbare Wirksamkeitszahlen für kleine Fullkorper nur erhalten lassen, wenn diese vorher sorgfältig benetzt werden. Unter diesen Bedingungen konnen offenbar die zur Benetzung erforderlichen minimalen Flussigkeitsmengen insbesondere bei Draht- und Drahtnetzfullkorpern die von PRATT [*127*] angegebenen minimalen Werte wesentlich unterschreiten. Jedenfalls nimmt die Wirksamkeit von $2 \times 2 \times 0{,}2$ mm-Wendelfullkörpern oder entsprechenden Drahtnetzfullkorpern mit fallender Belastung stark zu, sofern sie vollstandig benetzt waren [*15, 85, 138, 139*]. Soweit Austauschzahlen für vollständig benetzte Fullkorper vorliegen, läßt sich der Grad der Benetzung nach einem Vorschlag von WEISMAN und BONILLA [*167*] als Quotient der Austauschzahlen für teilweise und totale Benetzung erhalten. Fur 0,5″-Kugeln aus Glas und Kupfer lag nach dem Stoffaustausch die wirksame Austauschfläche zwischen 4 und 25% der gesamten Flache und nach dem Warmetausch zwischen 13 und 42%.

Auf Grund experimenteller Daten leiteten SHULMAN und Mitarbeiter [*144*] für Raschig-Ringe und Berl-Sattelkörper folgende Beziehungen für das Verhaltnis der benetzten zur totalen Oberflache ab:

$$\frac{O_W}{O_t} = 0{,}24\left[\frac{L}{G}\right]^{0{,}25} \quad \text{für Raschig-Ringe} \qquad (52)$$

$$\frac{O_W}{O_t} = 0{,}35\left[\frac{L}{G}\right]^{0{,}25} \quad \text{fur Berl-Sattelkörper} \qquad (53)$$

Hierbei ist jedoch zu beachten, daß die benetzte Oberfläche nicht unbedingt mit der für den Austausch zur Verfugung stehenden Fläche identisch ist.

2.5 Unsere heutige Vorstellung über die Belastungsverhältnisse in Füllkörpersäulen

Betrachtet man die Vielfalt der in den vorigen Abschnitten beschriebenen Erscheinungen, so ist es kaum verwunderlich, daß die Angaben von Meßwerten in verschiedenen Arbeiten fur vermeintlich gleiche Arbeitsbedingungen in weiten Grenzen schwanken. Tatsächlich ist es besonders auffällig, daß die rechnerischen Ergebnisse der von den einzelnen Verfassern angegebenen Ausdrucke zur Beschreibung der Belastungsverhältnisse oft erheblich differieren. Dabei werden bei Fehlergrenzen von 20% die zitierten Formeln noch als verwendbar und bei solchen von 10% als sehr gut bezeichnet. Hierbei ist noch zu bedenken, daß die Verfasser meist unter Verhältnissen ihre Versuche durchführten, die den idealen nahekommen, wahrend dies in der Praxis, z. B. bei Industrieanlagen, nicht der Fall ist.

Die große Schwierigkeit, die von verschiedenen Verfassern angegebenen Ergebnisse miteinander in Einklang zubringen, ist zunächst darauf zuruckzufuhren, daß oft maßgebliche Einflußgrößen außer Betracht gelassen wurden, ferner hauptsachlich darin zu suchen, daß die Messungen in jeweils weit auseinanderliegenden Bereichen durchgeführt wurden, die zudem nicht selten auch nur so klein waren, daß sie einen allgemeinen Überblick nicht gestatten. So wurde in den meisten Fällen das System Wasser/Luft zur Testung benutzt, wobei noch nicht geprüft wurde, ob und wieweit die hieraus gewonnenen Erkenntnisse auf Verhaltnisse unter Destillationsbedingungen angewandt werden können. Es ergibt sich demnach zunächst nur die Berechtigung zur Anwendung der Ergebnisse bei Absorptionskolonnen, nicht dagegen bei Destillationssäulen, da die hier zu trennenden Gemische in ihren physikalischen Daten betrachtlich von denen des Wasser/Luft-Gemisches abweichen. So hat u. a. Wasser eine ungewohnlich hohe Oberflachenspannung und Luft eine sehr hohe Dampfviskosität. Es erscheint deshalb nicht ausreichend, wenn zur Korrektur das Verhaltnis der Dichte von Wasser zur Dichte einer neuen Flussigkeit empfohlen wird, wie dies verschiedentlich geschehen ist [*93*].

Einen verhaltnismäßig weiten Bereich umfassen die Untersuchungen von Sherwood [*142*] mit Wasserstoff, Luft und Kohlendioxyd als Gase und Wasser sowie waßrigen Losungen von Methanol und Glycerin als Flussigkeiten. Bei diesen Messungen lag jedoch das Verhaltnis von Fullhohe zu Kolonnendurchmesser mit 24 : 1 nach den Ergebnissen von Scott [*141*] fur Wasser und Raschig-Ringe gerade im Bereich größter Randgangigkeit. Es ist daher nicht verwunderlich, daß Sherwood einen Einfluß der Oberflachenspannung nicht beobachtete. Dagegen stellten Newton und Mitarbeiter [*114, 115*] neuerdings für Berl-Sattelkörper, die gegenuber Raschig-Ringen eine wesentlich geringere Neigung zur Randgangigkeit haben, fur das gleiche Verhaltnis von Kolonnenlänge zum Durchmesser einen Einfluß der Oberflächenspannung fest.

Auch in den Fallen, in denen die Versuche unter Destillationsbedingungen wie bei David [*28, 29*] sowie Hands und Whitt [*58*] durchgefuhrt wurden, ist nur jeweils ein sehr enger Bereich überstrichen. Überdies sind einige fur die Praxis wichtige Einflußgroßen wie z. B. das Rucklaufverhaltnis usw. systematisch bisher nicht untersucht.

Es ergibt sich, daß eine eindeutige Vorausberechnung der Belastungsverhaltnisse mit den derzeitigen Erkenntnissen nur in Sonderfallen, fur den allgemeinen Fall einer Destillation dagegen noch nicht moglich ist.

Ist man zur praktischen Vorausberechnung der Belastungsverhältnisse gezwungen, so wird man zunachst alle diejenigen Formeln und Ausdrucke ausscheiden mussen, die lediglich auf Grund einer Dimensionsanalyse aufgestellt sind, da viele Einflußgroßen wie z. B. besonders die Randgangigkeit nicht erfaßt werden. Ferner wird man notgedrungen auf solche Berechnungsmethoden verzichten mussen, die die Kenntnis von schwer zuganglichen Größen voraussetzt, wenngleich auch ihre Bedeutung zur Theorie der Erscheinungen nicht unterschatzt werden soll Hierunter fallen insbesondere die Berechnungsmethoden von White [*102*], Gln. (24) bis (26), Barth [*7*], Gl (28), Hands und Mitarbeiter [*59*] sowie besonders von Reed und Fenske [*128*], Gl. (36). Dieser zuletzt genannte Ausdruck berucksichtigt wohl die meisten Einflußgroßen und gibt die Verhaltnisse noch am klarsten wieder. Jedoch hat er den großen Nachteil, daß er die Kenntnis zu vieler Großen voraussetzt, die vielfach nicht oder nur sehr ungenau bekannt sind, wie besonders die Dampf viskositat, fur die in der Literatur oft keine oder in weiten Grenzen schwankende Angaben zu finden sind, ferner auch der Kolonneninhalt der der Berechnung kaum und der Messung nur schwer zuganglich ist

Fur die Praxis folgt demnach, daß man die zuverlassigsten Ergebnisse dann erwarten kann, wenn man sich auf die Anwendung empirischer Gleichungen beschrankt, deren Gultigkeit durch umfangreiche Versuche erwiesen ist. Dabei folgt von selbst, daß man aus der Zahl der angege benen Berechnungsmethoden diejenige auswahlen wird, die den ein fachsten Aufbau hat und nur die Kenntnis von Daten verlangt, die mi Sicherheit bekannt oder einfach zu ermitteln sind.

So ergibt sich, daß die Formel (35) von Leva [93, 94] noch als di brauchbarste erscheint, obwohl, oder besser gerade weil sie die Kenntni der wenigsten physikalischen Daten voraussetzt und nur zwei empi rische Konstanten verwendet.

Dies deckt sich mit auf anderen Gebieten gemachten Erfahrungen So sind z. B. fur die Abhangigkeit des Dampfdruckes von der Tempera tur fur reine Substanzen in großer Zahl formelmäßige Ausdrucke vor geschlagen worden, die durchweg alle die Nachteile haben, daß entwede ihr Anwendungsbereich zu klein ist, oder die einzusetzenden physikali schen Eigenschaften nicht oder nur unzulanglich bekannt sind. So greif man in der Praxis immer wieder auf die schon 1888 von Antoine vor geschlagene empirische Dampfdruckformel zurück, die fur die Praxis i weiten Grenzen vollig befriedigende Ergebnisse erbringt, wenngleic man auch auf die Kenntnis einiger Meßwerte angewiesen ist und sic uber den Gültigkeitsbereich Klarheit verschafft.

Die geschilderten Vorteile hat auch die zitierte Formel von Leva die mit nur zwei empirischen Konstanten auskommt und außer de Dichte ϱ keine Kenntnis schwer zu ermittelnder physikalischer Eigen schaften voraussetzt. In dem angegebenen Ausdruck sind die wichtigsten Einflußgrößen derart zusammengefaßt, daß α die eigentliche Fullkorperkonstante ist, β als Faktor der Flussigkeitsgeschwindigkeit den Kolonneninhalt berucksichtigt und ϱ die den großten Einfluß ausubende Stoffeigenschaft wiedergibt. Im ubrigen kann die Berechtigung, mit wenigen empirischen Konstanten auskommen zu konnen, mit der Beobachtung begrundet werden, daß alle im gleichen Maßsystem in der Literatur graphisch angegebenen Geraden fur die Abhangigkeit des Druckverlustes von der Gasbelastung im Bereich unterhalb der Flutungsgrenze auffallig fast identische Steigungen haben, so daß durch den Einfluß der Flussigkeitsbelastung, der physikalischen Eigenschaften der Gemischpartner sowie der Fullkorperart die Geraden annahernd parallel verschoben werden. Im System mit den Koordinaten „Logarithmus des Druckverlustes in mm Wassersaule" und „Logarithmus der Gasmassengeschwindigkeit in kg/m²h" ist aus den zahlreichen graphischen Darstellungen der Literatur ein Steigungswinkel von etwa 63° im Mittel abzulesen.

Es ist also hieraus zu schließen, daß sich fur die Destillation in Fullkorperkolonnen der Verlauf der Druckverlustkurve fur eine bestimmte Fullkorperart unterhalb der Flutungsgrenze mit hinreichender Genauigkeit bei unbekannten Verhaltnissen nur dann voraussagen laßt, wenn zwei Meßwerte vorhanden sind und hieraus spezielle empirische Konstanten der Gleichung von Leva berechnet werden. Bei Vorhandensein nur eines Meßwertes wird eine Gerade im Winkel von 63° durch den im doppelt-logarithmischen Papier eingezeichneten Punkt eine durchaus brauchbare Naherung ergeben. Ist man zur Vorausberechnung ohne Kenntnis eines Meßwertes gezwungen, wird man auf die fur das System Gas/Wasser bestimmten Werte der empirischen Konstanten von Leva zuruckgreifen, wobei fur andere Flussigkeiten mit dem Dichteverhaltnis zu multiplizieren ist. Hierbei muß man jedoch die angegebenen Gultigkeitsgrenzen beachten und ferner sich vergegenwartigen, daß lediglich eine Abschatzung der Großenordnung des Druckverlustes erreicht wird.

Die gleiche Bedeutung im eben beschriebenen Sinne hat die von Kirschbaum und Mitarbeitern [*28, 29, 78, 79, 81*] vorgeschlagene Formel fur den Zustand des Flutens, die zudem noch den Vorteil hat, daß ihre Anwendbarkeit nicht auf Fullkorpersaulen beschrankt ist. Es darf dabei allerdings nicht ubersehen werden, daß der vorgeschlagene Ausdruck

$$v_{\max} = c \cdot \varrho_G^{-0,5} \qquad (54)$$

nur fur Laborkolonnen und im halbtechnischen Maßstab erprobt ist. Ferner scheint es zweifelhaft, daß man Flussigkeitseigenschaften völlig unberucksichtigt lassen kann, so daß es zweckmaßig erscheint, die Gultigkeit des Ausdruckes (54) nochmals zu uberprufen. Dabei wird man sich allerdings darüber im klaren sein, daß die Außerachtlassung einiger Einflußgrößen eine gewisse Ungenauigkeit der Ergebnisse bedingt. In welcher Größenordnung diese liegen kann, soll durch die im folgenden beschriebenen Versuche nachgewiesen werden.

3. Experimentelle Überprüfung der Belastungsverhältnisse in Füllkörpersäulen

3.1 Die angewandte Versuchstechnik

3.11 Die Testsubstanzen, ihre Reinherstellung und ihre physikalischen Eigenschaften

Gegenüber den Ergebnissen der bisher durchgeführten Versuche sollte mit der vorliegenden Arbeit ein möglichst weiter Bereich hinsichtlich der physikalischen Kennzahlen erfaßt werden. Dies bezieht sich sowohl auf die physikalischen Daten wie Molekulargewicht, Dichte, Viskosität und Oberflächenspannung als auch auf Betriebseinflüsse wie Temperatur und Druck sowie schließlich auch strukturelle Einflüsse. Die unter diesen Gesichtspunkten ausgewählten Systeme sind in Tab. 5 mit ihren physikalischen Eigenschaften zusammengestellt.

Für die Untersuchungen wurden die im Handel erhaltlichen reinsten Produkte nochmals in einer Labodest-Apparatur [*149*, *150*, *153*, *170*] mit einer Trennsäulenlänge von 1500 mm und einem Durchmesser von 40 mm sorgfältig fraktioniert. Als Füllkörper dienten 4 × 4 × 0,4 mm-Wendelfüllkörper aus V4A-Draht. Nach den bereits erwähnten Untersuchungen von Schultze und Stage [*138*, *139*], Kolling [*85*] sowie Brauer [*15*] kann die Wirksamkeit dieser Apparatur mit 40 theoretischen Böden angesetzt werden. Alle Destillationen wurden mit Rücklaufverhältnissen größer als 50 : 1 durchgeführt. Damit dürfte gewährleistet sein, daß die zur Verfügung stehende Wirksamkeit der Apparatur auch wirklich ausgenutzt wurde. Zur Charakterisierung der anfallenden Destillate wurden der Brechungsindex und der Erstarrungspunkt herangezogen. Der Brechungsindex wurde mit einem Abbé-Refraktometer der Firma Carl Zeiss, Oberkochem, sowie mit einem Eintauch-Refraktometer der Firma Carl Zeiss, Jena, gemessen. Der Erstarrungspunkt wurde nur für das Phenol herangezogen. Er wurde in einem Shukoff-Apparat mit einem Thermometer mit $^1/_{10}$-Grad-Einteilung bestimmt. Für die Belastungsmessungen wurden jeweils nur die Destillatanteile benutzt, die innerhalb der Meßgenauigkeit einheitliche physikalische Kennzahlen aufwiesen. Die Zusammenstellung in Tab. 4 enthält die gemessenen physikalischen Daten der so gewonnenen Reindestillate der einzelnen Komponenten sowie zum Vergleich die entsprechenden Literaturwerte. Tab. 5 enthält die physikalischen Eigenschaften der Substanzen, wie sie im weiteren Verlauf der Arbeit benutzt wurden.

Tabelle 4. *Kennzahlen der verwendeten Testsubstanzen*

Testsubstanz	t °C	n_D gemessen	n_D Literaturwert	F_p gemessen	F_p Literaturwert
Methanol	15°	1,3299	1,3306		
n-Butanol	15°	1,4014	1,4013		
	25°	1,3975	1,3970		
Isoamylalkohol	15°	1,4073	1,4075		
Phenol	45°	1,5387	1,5403	40,2–40,3°	40,7–41,0°
Cyclohexanol	25°	1,4650	1,4648		
Diäthyläther	20°	1,3550	1,3555		

Tabelle 5. *Physikalische Daten der untersuchten Systeme*

Testsubstanz Temp °C	Druck mmHg	Dichte ϱ_L	ϱ_G	$\frac{\varrho_G}{\varrho_L} \cdot 10^4$	Oberflächenspannung dyn/cm	Viskosität Fluss. cP	Viskosität Dampf 10^4 cP
Wasser							
100°	760	958,4	0 588	6,14	58,8	0,284	125
72°	250	992,6	0,212	2,19	63,9	0,396	42
38,5°	50	976,6	0,0464	0,467	69,6	0,676	8,9
Wasser/Luft							
15°	760	994,04	1,213	12,12	73,6	1,203	178
Diäthyläther							
34,4°	760	686	2,94	42,8	15,5	0,2105	78
Methanol							
65°	760	749,4	1,155	15,4	18,5	0,330	112
n-Butanol							
18°	760	725	2,35	32,4	15,8	0,42	98
Isoamylalkohol							
131,5°	760	712	2,65	37,2	14,2	0,39	
101°	250	740	0,944	12,8	17,0	0,62	
67,7°	50	769	0,207	2,69	20,0	2,21	
32,5°	10	800	0,0463	0,573	23,2	3,00	
Phenol							
181°	760	908	2,52	27,8	22,0	0,297	116
143°	250	933	0,905	9,7	28,3	0,6246	
102°	50	968	0,201	2,04	32,3	1,0844	
66°	10	36	0,0445	0,429	35,6	2,37	
Cyclohexanol							
160°	760	836	2,82	33,7		0,6	
127°	250	862	1,001	11,6		1,2	
88,5°	50	892	0,222	2,49		2,1	
54°	10	925	0,0491	0,531		9,8	

3.12 Die Versuchsapparaturen und Versuchstechnik

Zur Messung der Belastbarkeit von Fullkorpersaulen geeignete Anlagen sind in der Literatur schon mehrfach beschrieben worden. Sie unterscheiden sich hauptsachlich darin, wie und wo die Rucklaufmengen erfaßt werden. Solange es sich um geringe Belastungen mit maximal etwa 800 ccm/h handelt, laßt sich die Rucklaufmenge noch durch Zahlen der Tropfen erfassen [*138*, *139*]. Dieses Verfahren ist nur sehr muhsam und gleichzeitig auch wenig genau, da die Große der einzelnen Tropfen fur die herrschenden Versuchsbedingungen nicht exakt genug angegeben werden. Aus diesem Grunde wird die Rucklaufmenge heute meist volumetrisch oder mit Rotamessern gemessen. Beide Verfahren haben ihre Vor- und Nachteile, auf die kurz eingegangen werden soll.

Die Verwendung eines Rotamessers hat zur Voraussetzung, daß die Viskositat und Dichte des zu messenden Mediums sich nicht verandern. Diese Bedingung laßt sich bei Destillationsversuchen, die bei verschiedenen Destillationsdrucken und damit sich andernden Siedetemperaturen durchgefuhrt werden, nicht einhalten Wird uberdies die Rucklaufmenge nicht am Kopf, sondern unterhalb der Fullkorperschicht gemessen, so besteht außerdem die Gefahr, daß die Messung durch Schmutz- oder Staubteilchen verfalscht wird. Andererseits soll nicht verkannt werden, daß der Rotamesser gegenuber der exakteren volumetrischen Messung unbestreitbar Vorteile hat. Sie liegen vor allem in der einfacheren Handhabung und apparativen Ausbildung. Nachteilig ist allerdings, daß zur Vermeidung des Stromungswiderstandes des Rotamessers zwischen Kolonne und Kondensator ein verhaltnismaßig großer Abstand sein muß, in dem sich ein wilder Rucklauf bilden kann. Diese Versuchsanordnung eignet sich deshalb auch nur für großere Versuchskolonnen wie sie z. B. von FORSYTHE und Mitarbeitern [*45*] benutzt wurden. In Abb. 12 ist die Versuchsanordnung von BLISS und Mitarbeitern dargestellt.

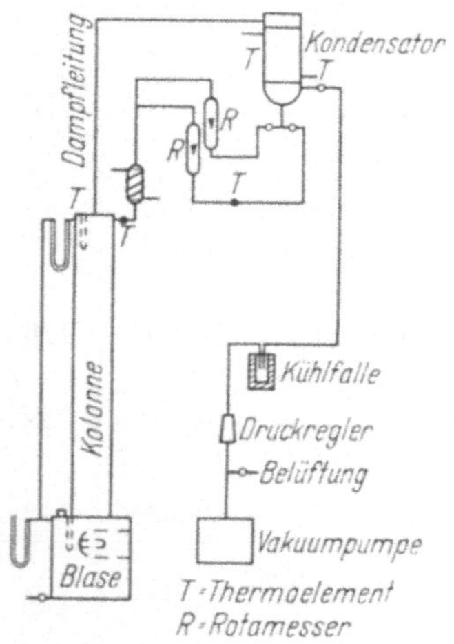

Abb 12 Apparat zur Belastungsmessung (nach H BLISS, A M ESHAYA und N. W FRISCH)

Bei der volumetrischen Messung wird die Zeit gestoppt, in der sich ein bestimmtes Volumen der rucklaufenden Flussigkeit gesammelt hat. Da wahrend dieser Zeit also kein Rucklauf die Meßvorrichtung nach unten hin verlaßt, wurde, falls die Vorrichtung oberhalb der Kolonne angebracht ware, das Gleichgewicht in der Kolonne gestört werden. Aus diesem Grunde sollte eine derartige Meßvorrichtung nur unterhalb der Trennsaule eingebaut werden. Eine exakte Rucklaufmessung oberhalb der Trennsaule ist bei kleineren Versuchsapparaturen auch insofern

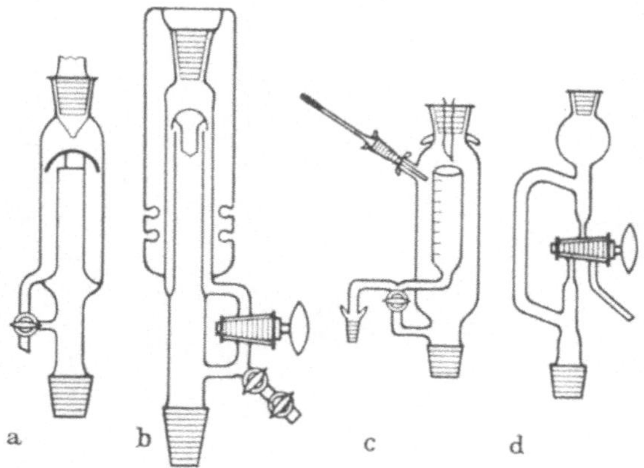

Abb 13a—d Rucklaufmesser nach OLDERSHAW (a), COLLINS und LANTZ (b), KRELL (c) und ACHON (d)

schwierig, als sich infolge von unvermeidlichen und nur schwer abschatzbaren Warmeverlusten zusatzlicher, vom Rucklaufmesser nicht erfaßter Rucklauf bildet. Bei Kolonnen mit Kolonnendurchmessern von etwa 60 mm an, die eine entsprechend hohere Belastung vertragen, spielt dieser sogenannte „wilde Rucklauf" nur eine untergeordnete Rolle. Eine haufig benutzte Anordnung zur volumetrischen Rücklaufmessung stammt von BRAGG [*12*]. In Abb. 13 sind ahnliche Vorschlage dargestellt, die spater von OLDERSHAW [*119*], COLLINS und LANTZ [*27*], ACHON [*1*] und KRELL [*86*], in Abb. 14 von KAFAROW und BEJACHMAN [*71*] fur kleine Kolonnen, sowie BRAGG [*13*], Abb. 15, und MORTON, CERIGO und KING [*109*], Abb. 16, fur Großversuchskolonnen benutzt wurden (Abb. 14—17 siehe S. 64/65).

Aus den beiden letzten Abbildungen ist auch der Gesamtaufbau der jeweils zur Messung benutzten Anordnung ersichtlich. Allen diesen Anordnungen ist gemeinsam, daß die Umstellung auf die Meßvorrichtung durch einen Hahn erfolgt. Da dieser Hahn wahrend der gesamten Destillation von dem heißen Rucklauf durchflossen wird, treten an dieser Stelle insbesondere bei fettlosenden Substanzen sehr leicht Undichtigkeiten auf, durch die bei Vakuumdestillationen dann Luft in die Apparatur dringt. Derartige Messer sind daher fur laufende Messungen nicht empfehlenswert. Aus dem gleichen Grunde ist die etwas modifizierte Anordnung von MYLES und Mitarbeitern [*111*], Abb. 17, abzulehnen. Hier wird nicht wie bei den eben beschriebenen Vorrichtungen die zwischen

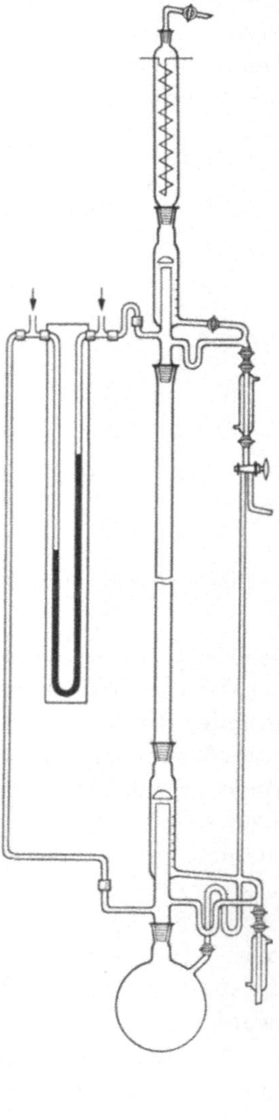

Abb. 14. Apparatur zur Rücklaufmessung (nach KAFAROW)

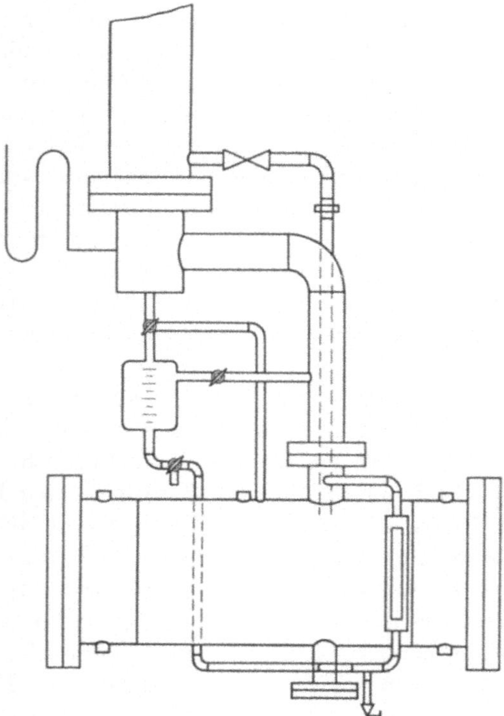

Abb. 15. Apparatur zur Rücklaufmessung (nach BRAGG)

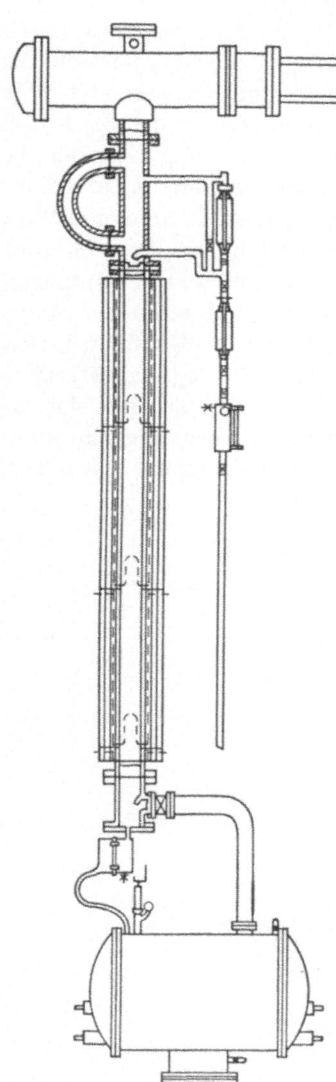

Abb. 16. Apparatur zur Rücklaufmessung (nach MORTON)

Abb. 17. Apparatur zur Rücklaufmessung (nach MYLES u. Mitarb.)

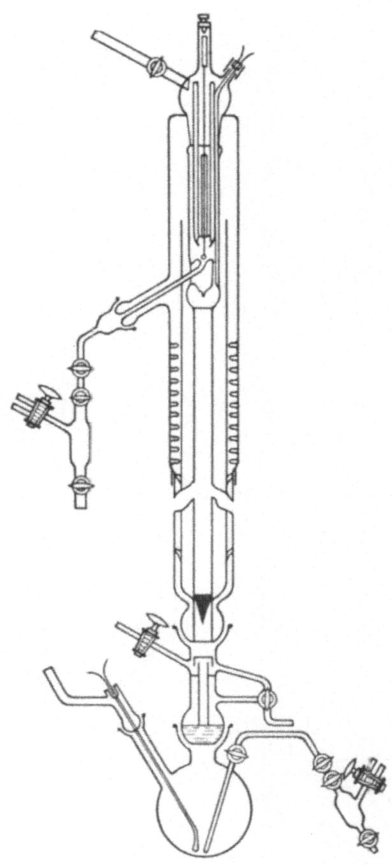

zwei Marken anfallende Flussigkeit zeitlich gestoppt, sondern die ii 0,25 bis 0,5 aus dem Hahn auslaufende Flussigkeıtsmenge gemessen. Ab gesehen davon, daß bei Vakuumversuchen hierfur eine besondere Vor lage benutzt werden muß, wird nach dıesem Verfahren dıe Blase wah rend des Versuches unnotig entleert. Sofern zur Testung Gemısche be nutzt werden, andert sich dann laufend dıe Zusammensetzung und damı die physıkalischen Eigenschaften des Testgemisches. In ahnlicher Weis bestımmten auch YOSHIDA und Mıtarbeiter [*172*] in einer Versuchsappa ratur mit einem Kolonnendurchmesser von 150 mm die Rucklaufmenge

Nach einem Vorschlag der Sunbury Research Station der Anglc Iranıan-Oil Company (Prospekt IT 10385 der Firma Griffin & Tatloc Ltd , London WC 2) [*56*] wırd die Rucklaufvorrıchtung magnetisch ge offnet und geschlossen. Nach dem gleichen Prinzip arbeitet der vo ZUIDERWEG [*175*] entwıckelte Rucklaufmesser. Nachteilig an diese Konstruktionen ıst, daß der Magnet bzw. dıe Magnetspule hohen Tem peraturen ausgesetzt werden.

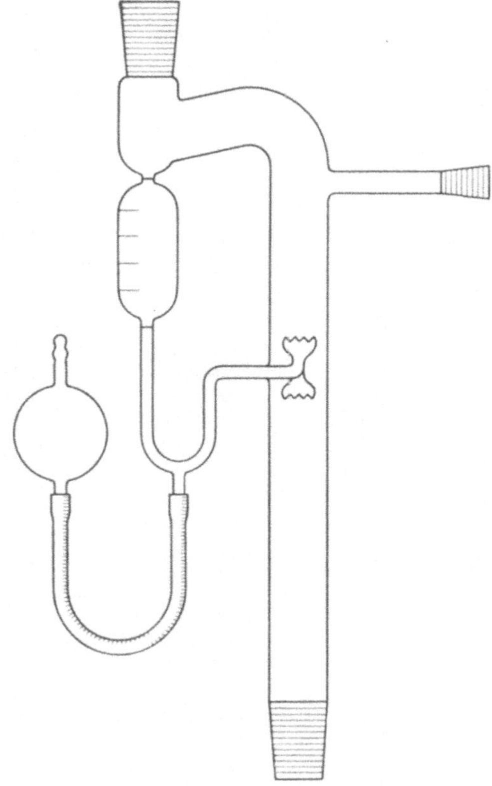

Abb 18 Rucklaufmesser (nach H. STAGE)

Die erwähnten Nachteile vermeiden die Vorschläge von STAGE [*152*], KÖLLING [*85*] sowie ROLLET [*130*]. Ihre Apparaturen sind mit einem Quecksilberverschluß bzw. mit einem Heber ausgestattet (Abb. 18). Den Gesamtaufbau der von STAGE zur Messung der Belastbarkeit von mit Wendeln und anderen Füllkörpern gefüllten Trennsäulen gibt Abb. 19 wieder. Einige der von STAGE mit dieser Apparatur gemessenen Belastungskurven [*32*, *152*] sind in Abb. 20 bis 23 (S. 68–70) zusammengestellt. Diese Versuchsergebnisse bildeten den Ausgangspunkt für die vorliegende Untersuchung. In Anlehnung an die eben erwähnte Anord-

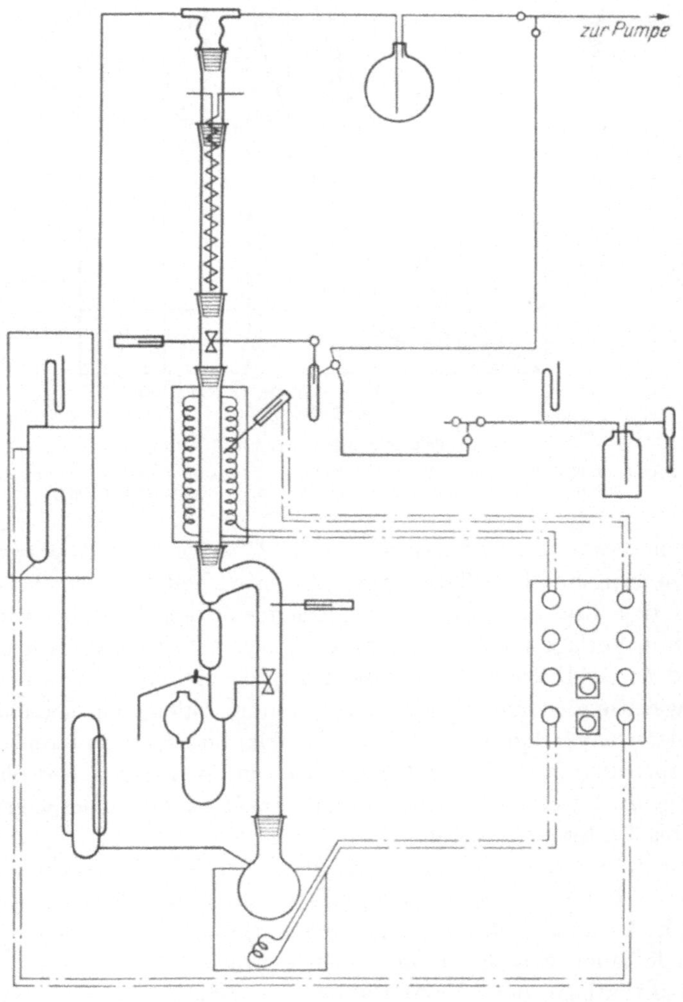

Abb. 19. LABODEST-Apparatur zur Messung von Belastbarkeit und Wirksamkeit (nach H. STAGE)

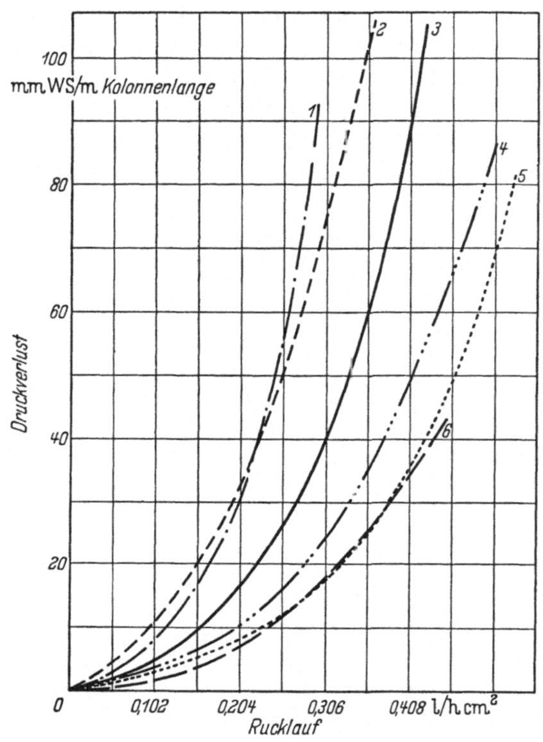

Abb 20 Belastungsmessungen von H Stage

1 Athanol, *2* Chloroform, *3* Benzol, *4* Heptan, *5* Di-isopropylather, *6* Heptan
Fullung 6 mm Raschig-Ringe bei *1*, *2* *3*, *5*, *6*, 4 mm Wendel bei *4*

nung von Stage wurde die erste in Abb. 24 dargestellte Apparatur zur Durchfuhrung der Destillationsversuche entwickelt. Sie besteht aus der Blase *1*, dem Rucklaufmesser *2*, der Kolonne *3*, dem Kolonnenzwischenstück mit Vorlage *4*, dem Kondensator *5*, der Sicherheitsvorrichtung *6a*, *b*, *c* und *d*, vier Differenzdruckmessern *7a*, *b*, *c* und *d*, der Destillatruckfuhrungsleitung in die Blase *8* sowie weiteren kleinerem Zubehor wie Manometer usw. Damit die bei der Rucklaufmessung stoßweise in die Blase zurucklaufende Flussigkeitsmenge von 30 ccm den Destillationsvorgang nicht stort, wurde mit verhaltnismaßig großen Blaseneinsatzen von 2 bis 5 Litern gearbeitet.

Sinn dieser Versuche sollte sein, den effektiven Druckverlust verschiedener Fullkorper in Abhangigkeit von der Dampfbelastung zu bestimmen. Es mußte also gewahrleistet sein, daß der gemessene Druckverlust lediglich von den Fullkorpern herrührt, nicht dagegen von der Fullkorperauflage, dem Kondensator, dem Kolonnenaufsatz usw. Aus diesem Grunde wurde der stromungstechnischen Ausbildung der ein-

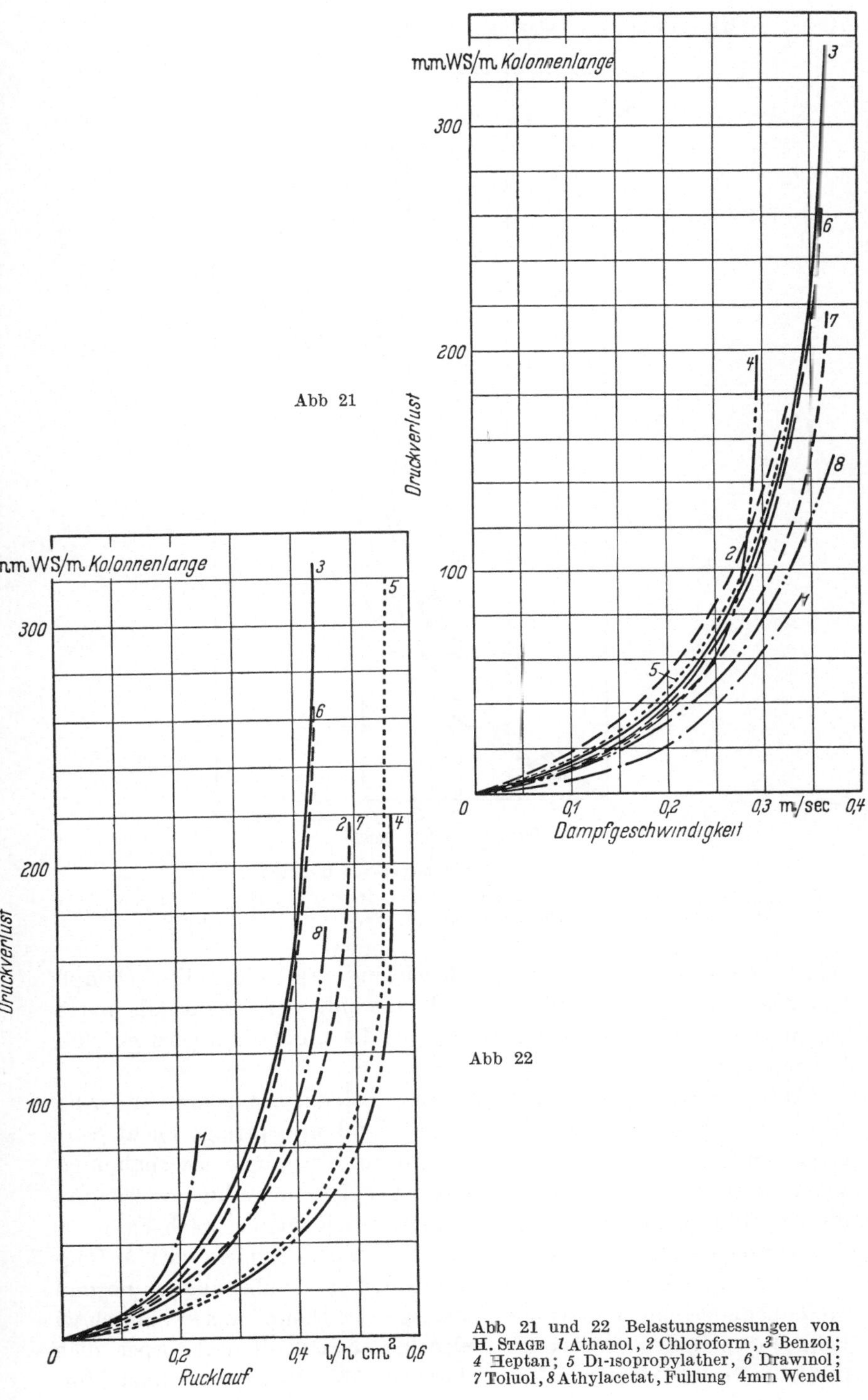

Abb 21

Abb 22

Abb 21 und 22 Belastungsmessungen von H. STAGE *1* Athanol, *2* Chloroform, *3* Benzol; *4* Heptan; *5* Di-isopropylather, *6* Drawinol; *7* Toluol, *8* Athylacetat, Fullung 4mm Wendel

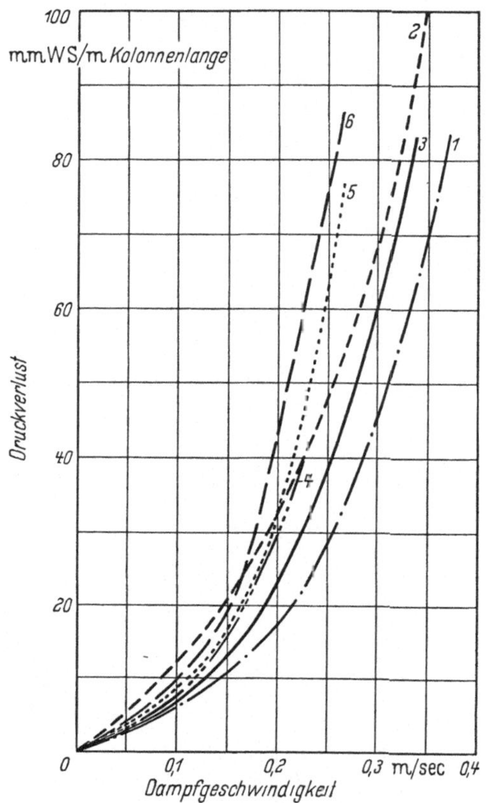

Abb 23 Belastungsmessungen von H STAGE

1 Athanol, *2* Chloroform, *3* Benzol, *4* Heptan, *5* Dı-ısopropylather, *6* Heptan Fullung 6 mm Raschıg-Rınge beı *1*, *2*, *3*, *4*, *5*, 4 mm Wendel beı *6*

zelnen Bauelemente besondere Beachtung geschenkt. Die Dampfe leitungen sowohl unterhalb als auch oberhalb der Trennsaule hatte wesentlich großere freie Querschnitte als die mıt Fullkorpern gefullte Trennsaulen.

Aus fruheren Untersuchungen dieses Laboratoriums war außerder bekannt, daß sich insbesondere an der Fullkorperauflage leicht Stau erscheinungen bemerkbar machen konnen. Auf diese Erscheinunge wurde auch von LEVA und Mitarbeitern [*97*] besonders hingewiesen. Au diesem Grunde werden die Querschnitte bei Kolonnen nach STAGE a dieser Stelle stets etwa verdoppelt. Die freie Lochflache des Auflage trichters war bei allen untersuchten Kolonnen großer als der normal Kolonnenquerschnıtt. Daruber hinaus sind die Dampfelocher ahnlıch wi beim Prym-Boden nach oben gedrückt, so daß die Fullkorper nich direkt auf dem Trichter aufliegen konnen. Abb. 25 zeigt die Ausbildun

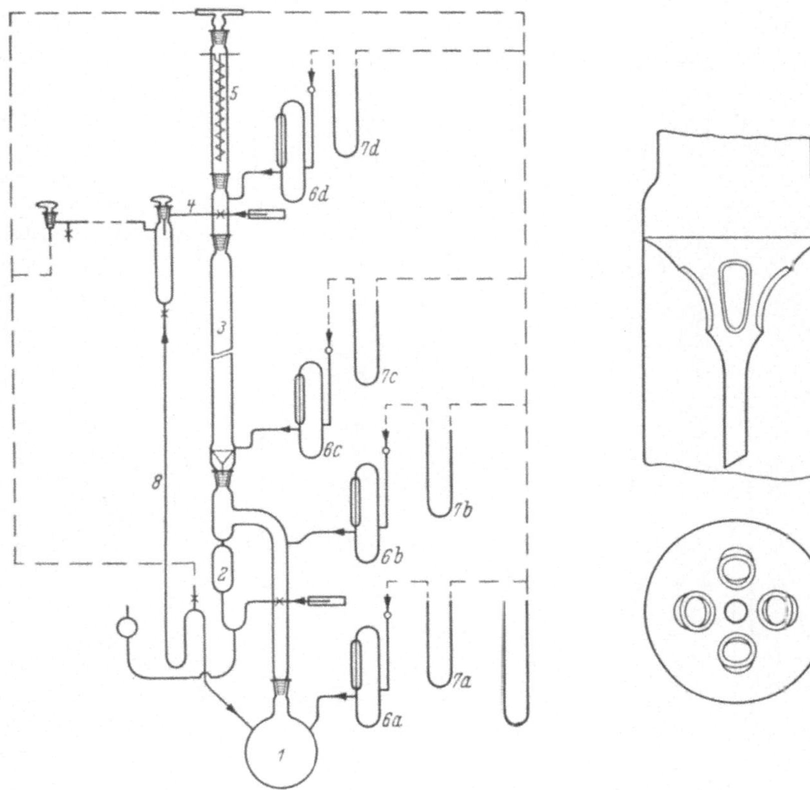

Abb 24 Eigene Apparatur zur Belastungsmessung

Abb 25 Auflagetrichter

des benutzten Auflagetrichters Schließlich werden stets zunachst eine etwa 3 cm hohe Schicht wesentlich großerer Fullkorper eingefullt.

Die Mehrzahl der Messungen wurde bei unendlichem Rucklaufverhaltnis ausgefuhrt. Bei diesen Versuchen blieb der Destillatentnahmehahn stets geschlossen. Mit diesem Feinregulierhahn ließen sich sehr gut die gewunschten Rucklaufverhaltnisse einstellen. Der Destillatanfall konnte in der graduierten Vorlage zeitlich gestoppt werden. Da die Rucklaufmenge in ublicher Weise am Fuß der Kolonne gemessen wurde, war auch das Rucklaufverhaltnis bekannt.

Im Verlaufe der weiteren Versuchsdurchfuhrung zeigte es sich, daß es wunschenswert wäre, den recht erheblichen Zeitaufwand zur Vermessung der Differenzdruck-Belastungskurven wesentlich abzukurzen ohne allerdings die Meßgenauigkeit und Reproduzierbarkeit zu verringern. Verbesserungsfahig schienen die Rucklaufmessung, die Einstellung des Rücklaufverhältnisses, die Regulierung der Blasenheizung

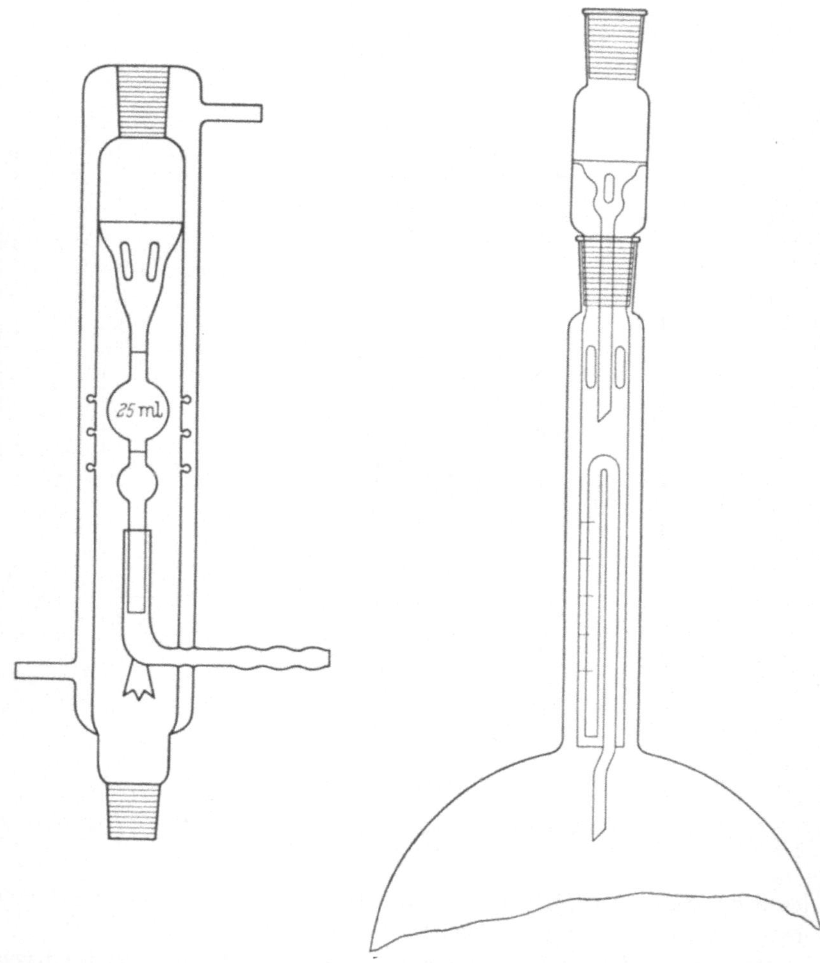

Abb. 26. Rucklaufmesser am Kolonnenfuß

Abb 27 Rucklaufmesser am Kolonnenfuß mit Heber

sowie die Druckregelung bei Arbeiten im Vakuum. Auf diese Änderung soll nachstehend ausfuhrlich eingegangen werden.

Im Verlaufe der Untersuchung wurde der beschriebene Rucklaufmesser ersetzt durch die nach dem gleichen Prinzip arbeitenden Vorrichtungen der Abb. 26. Da sie einschließlich oberem Schliff zur Kolonne mit einem Vakuummantel umgeben war, wurden jegliche zusatzliche Kondensationen zwischen Meßvorrichtung und Kolonne vermieden. Diese Anordnung bewahrte sich insbesondere für die geringen Belastungen. Von hier aus war kein großer Schritt mehr zu der Abb. 27. Bei ihr erfolgt in Anlehnung an die von Kolling [*85*] benutzte Vorrichtung die Entleerung durch einen Heber.

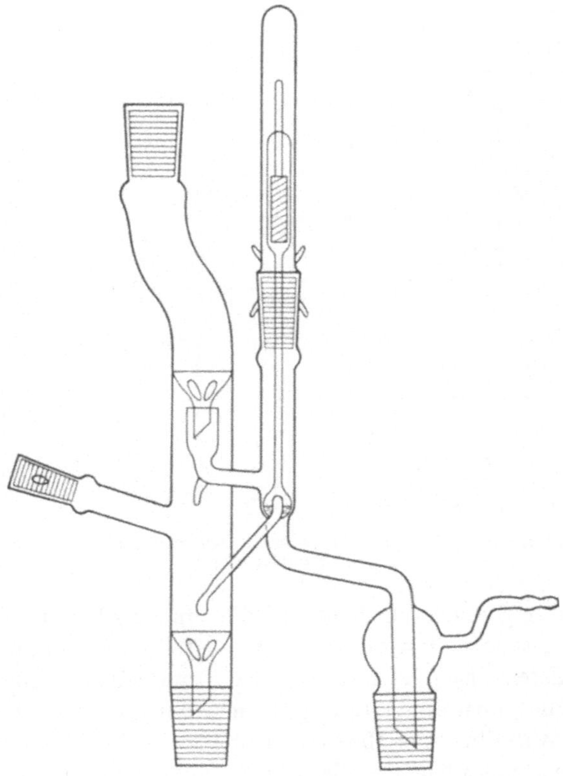

Abb 28 Kolonnenkopf mit magnetischer Rucklaufteilung

Die Handsteuerung der Destillatentnahme wurde spater ersetzt durch einen in Abb. 28 dargestellten Kolonnenaufsatz fur magnetische Rucklaufteilung. Diese Kolonnenaufsatze werden so gebaut, daß das Rucklaufverhaltnis identisch ist mit dem Zeitverhaltnis, nach dem die zugehorige Magnetspule arbeitet. Die Einstellung des Rucklaufverhaltnisses erfolgt mittels eines mit einer Klemmrohre ausgestatteten Zeitschaltwerkes, dessen Schaltplan in der Abb. 29 wiedergegeben ist. Mit Hilfe dieses Zeitschaltwerkes kann die Destillatzeit auf 1 oder 2 Sekunden und die Rücklaufzeit stufenlos zwischen 1 und 120 Sekunden eingestellt werden. Das Rucklaufverhaltnis ergibt sich als Verhältnis zwischen Rucklauf- und Destillatzeit. In der beschriebenen Anordnung laßt es sich stufenlos zwischen 1 : 1 und 120 : 1 variieren.

Die Warmezufuhr zu der Blase erfolgt uber ein elektrisch beheiztes Ölbad. Da sich wirklich reproduzierbare Belastungsmessungen mit konstantem Differenzdruck nur durchfuhren lassen, wenn die Beheizung ganz gleichmaßig ist, wurde ihrer Ausbildung besondere Beachtung ge-

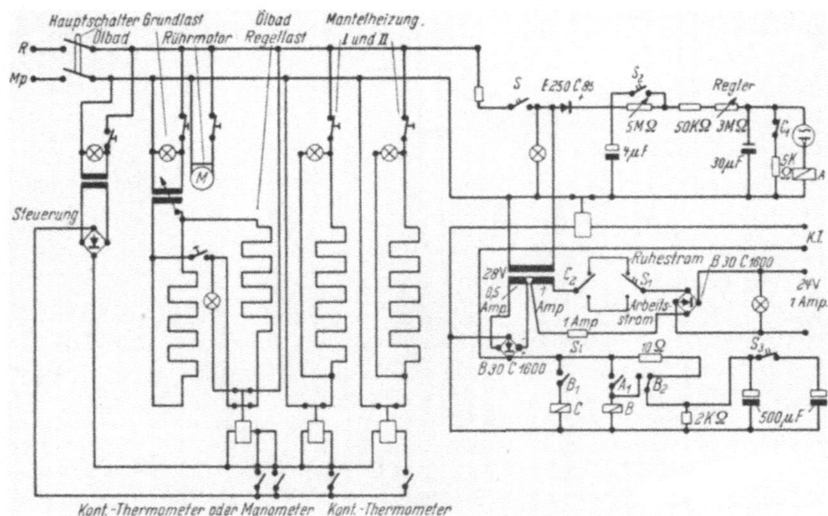

Abb 29 Schaltskizze fur das Zeitschaltwerk fur Rucklaufverhaltnis-Regelung, die Ölbad- und Mantelheizung

schenkt Es zeigte sich sehr bald, daß die zunachst benutzte Anordnung, bei der die gesamte Heizung uber ein einstellbares Kontaktmanometer fur den Differenzdruck oder auch über ein einstellbares Kontaktthermometer fur die Ölbadtemperatur gesteuert wird, viel zu trage reagiert. Durch eine Aufteilung der Heizung in eine dreistufige einstellbare Grundlast und eine einstufige Regellast ließ sich bereits eine merkliche Verbesserung erzielen. Jedoch ließ auch diese Anordnung noch Wunsche offen. Die Ursache fur die Fehler ist sowohl in der schlechten Warmeleitfahigkeit des Heizbadoles infolge seiner hohen Viskositat als auch in der durch das Volumen bedingten Wärmekapazitat des Ölbades zu suchen. Durch Verwendung eines Schnellruhrers fur das Öl laßt sich der Warmedurchgang wesentlich verbessern. Weiterhin erwies es sich als vorteilhaft, die Grundheizung stufenlos mittels eines Regeltrafos moglichst nahe an den Verbrauchspunkt zu legen, damit die diskontinuierlich arbeitende Regellast klein gehalten werden kann. Unter sonst gleichen Verhaltnissen sind die Schwankungen proportional dem Verhaltnis von Regel- zu Grundlast. Hieraus ist ersichtlich, daß mit geringen Schwankungen bei dieser sogenannten Auf- und Zuregelung zu rechnen ist. Soll der hierdurch entstehende Fehler bei allen Belastungen gleich groß sein, so muß man dafur sorgen, daß auch das Verhaltnis von Regel- zu Grundlast stets gleichbleibt. Es laßt sich mit der in Abb. 29 gezeigten Schaltung erreichen, bei der mittels des Regeltrafos 1 zunachst die Grundlast eingestellt wird. Die Abnahme der Grundlast kann allerdings nicht direkt aus dem Regeltrafo 1, sondern muß uber einen zweiten Trafo erfolgen, der mit zwei festen Anzapfungen ausgestattet ist; dadurch wird die vom ersten Trafo gelieferte Spannung im vorgegebenen Verhaltnis von Regel- zu Grundlast geteilt. Fur normale Destillationen hat sich ein Verhaltnis von 1 · 5 bewahrt. Wenn jedoch, wie im vorliegenden Falle, Differenzdruckkurven vermessen werden sollen, empfiehlt sich ein Verhaltnis von 1 · 10 bis 1 : 20. Wahrend der Warmekapazitat und dem Warmeubergang der Grundheizung nur eine untergeordnete Rolle zukommt, muß die Regelheizung so ausgebildet und angeordnet werden, daß sie auf Änderungen sofort anspricht und diese auch schnell weiterleiten kann. Sie besteht heute nach Art eines Tauchsieders aus einer von einem dunnen Glasrohr umgebenen Heizdrahtwendel, die moglichst tief im Ölbad angeordnet wird. Die Regelheizung wird nach dem Differenzdruck, den die aus der Blase aufsteigenden Dampfe in der Trennsäule erfahren, gesteuert. Um eine moglichst große Ansprechempfindlichkeit zu erzielen, wurde fur die Druckverlustmessung statt des üblichen verstellbaren Quecksilber-Kontaktmanometers [*151*] ein mit einer Kochsalzlosung gefulltes, 1000 mm langes Differenzdruckmanometer mit verstellbaren Kontakten, dessen beide Schenkel mit Öl uberschichtet wurden, benutzt. Um ein Einkondensieren der Blasendampfe in das Kontaktmanometer zu vermeiden, wird es nicht direkt, sondern uber eine sogenannte Sicherheitsvorrichtung mit der Blase verbunden. Zur Vermessung des Druckverlustes an verschiedenen Stellen der Apparatur dienten U-Rohr-Manometer, die mit Dioctylphthalat als Manometerflussigkeit gefullt wurden. Sie hatten eine Lange von 800 mm und waren mit einer in Millimeter geteilten Skala aus Aluminiumblech ausgestattet. Auch diese Manometer wurden jeweils über eine Sicherheitsvorrichtung mit der Apparatur verbunden, um ein Einkondensieren von Dampfen in die Manometer zu vermeiden.

Der Destillationsdruck wurde uber 250 l große Pufferbehalter mittels eines Druckreglers konstant gehalten. Der bei den ersten Versuchen benutzte Frittendruckregler der Abb. 30 [*41*, *98*, *118*, *164*] gewahrleistet eine Druckkonstanz von 1 mm-Hg. Spater wurde dieser Regler durch den in dem Laboratorium von STAGE entwickelten elektrischen Druckregler der Abb. 31 ersetzt. Die Ansprechgenauigkeit des letzteren ist mit 0,1 mm-Hg um eine Zehnerpotenz besser als die des Frittendruckreglers. Beide Regler arbeiten mit einem vorher einzustellenden Vergleichdruck. Bei Änderung des Destillationsdruckes in der Apparatur wird beim ersten Regler die in der Pumpenleitung eingebaute Fritte vom Quecksilber freigegeben, wahrend beim zweiten Regler lediglich ein Kontakt geoffnet werden braucht.

Die Luft/Wasser-Versuche sollten nicht nur den Anschluß zu dem in der Literatur vorliegenden Zahlenmaterial geben. Daruber hinaus sollten sie dazu dienen, Aussagen über die Flüssigkeitsverteilung uber den Quer

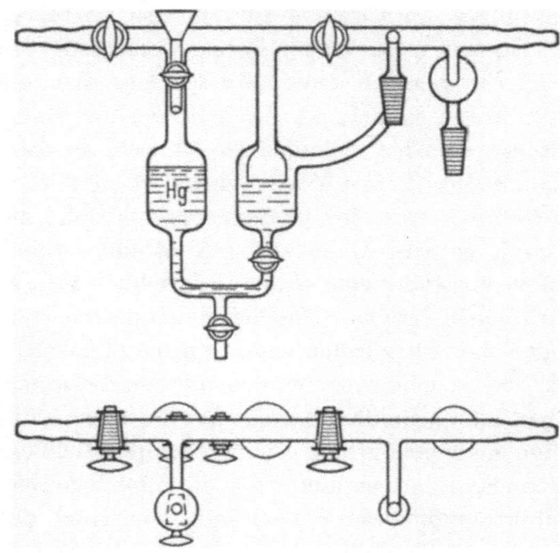

Abb. 30 Druckregler mit Fritten-Quecksilberabsperrung

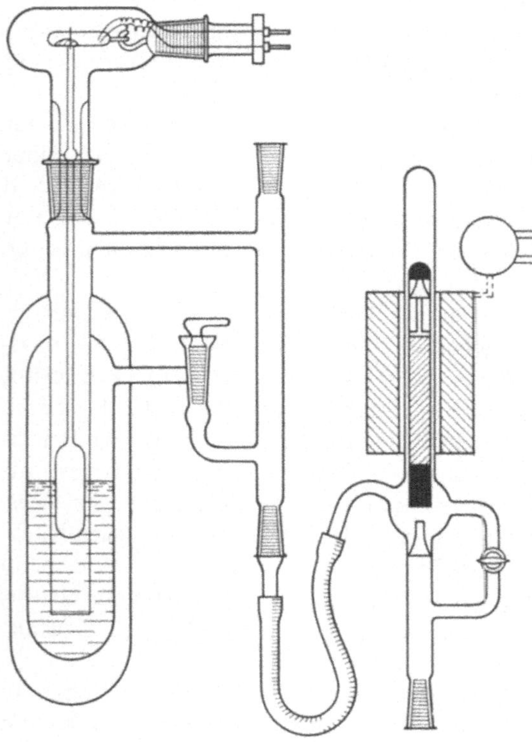

Abb 31 Elektrischer Druckregler

schnitt und insbesondere über die Randgängigkeit zu machen. Die hierfür benutzten beiden Versuchsapparaturen sind in den Abb. 32 und 33 dargestellt. Bei beiden Apparaturen wird die am Rand herunterlaufende Flüssigkeit getrennt von der Flüssigkeit in der Kolonnenmitte erfaßt. In der Apparatur der Abb. 32 ist der Füllkörperauflagetrichter mit der Kolonnenwand nicht verschmolzen und im Durchmesser außerdem einige Millimeter kleiner als der Kolonnendurchmesser. Die Zuführung der Luft und des Wassers ist in Abb. 34 schematisch angegeben. Zwischen dem Kolonnentrichter und der Kolonnenwand befindet sich ein ringförmiger Spalt von 2 bis 3 mm Breite durch den die Randflüssigkeit abgeführt werden kann. Die vom Trichter erfaßte Rücklaufflüssigkeit kann gesondert gemessen werden. Bei einer zweiten Anordnung ist das Füllkörperrohr oberhalb des eingeschmolzenen Auflagetrichters ringsherum mit einem Wulst ausgestattet. Dieser Wulst trägt an seinem tiefsten

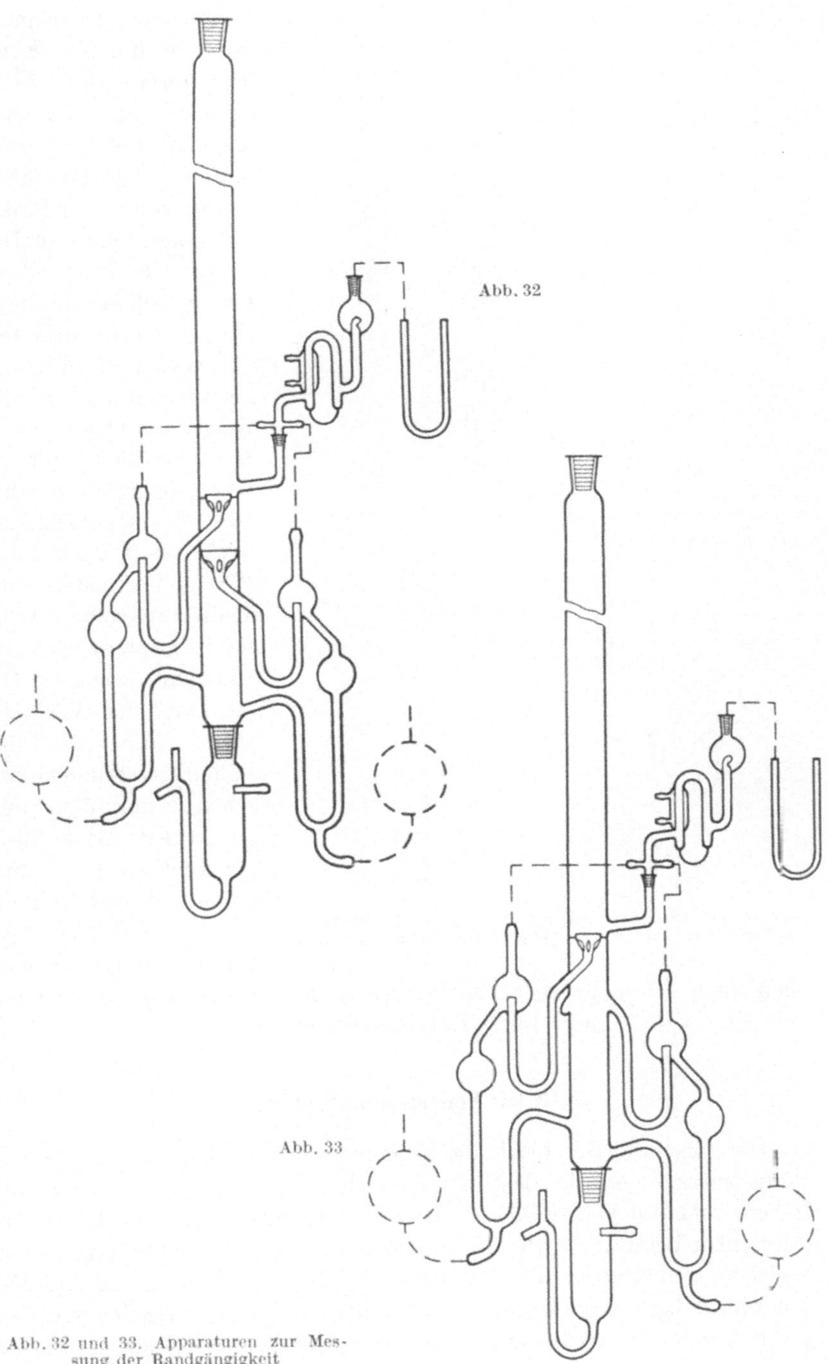

Abb. 32 und 33. Apparaturen zur Messung der Randgängigkeit

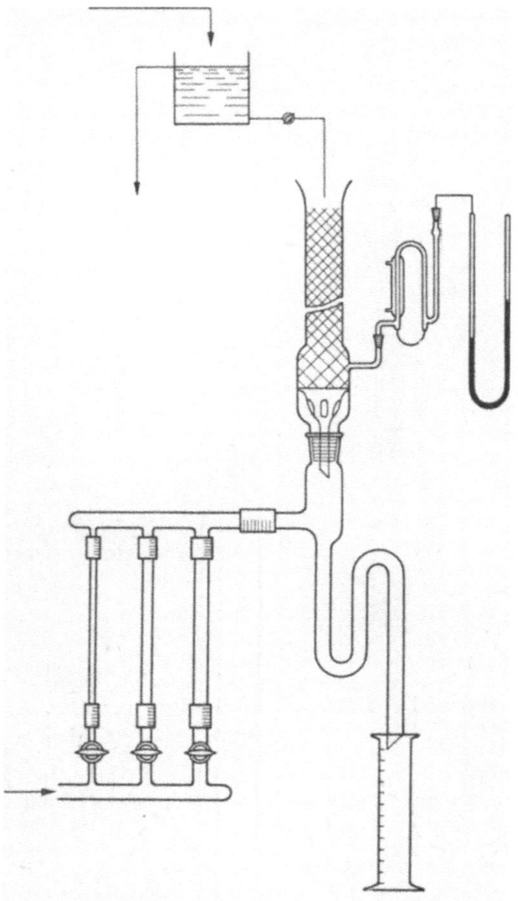

Abb 34 Versuchsanordnung zur Messung der Belastbarkeit von Fullkorpersaulen mit Luft und Flussigkeit im Gegenstrom

Punkt ein Ableitungsrohr fur die am Rand herunterlaufende Flussigkeit. Auch hier wird die in der Mitte herablaufende Flussigkeit getrennt von dieser Randflussigkeit gemessen. Der wesentliche Unterschied beider Meßanordnungen besteht darin, daß mit der ersten die Flussigkeitsverteilung in der Randzone erfaßt wird. Die Randflache der ersten Apparatur machte 16% der Querschnittsflache aus. Bei den Luft/Wasser-Versuchen wurde die aufgegebene Wassermenge zwischen 1 und 12 m^3/m^2h variiert. Die Mehrzahl der Versuche wurde jedoch mit Flussigkeitsbelastungen zwischen 1 und 5 m^3/m^2h ausgefuhrt. Als Fullkorper dienten 4 × 4 mal 0,4 mm-Wendelfullkorper aus V4A-Draht sowie bei einigen Versuchen auch 4 mm-Porzellan-Sattelkörper. Es wurden Kolonnenschusse von 28, 35, 42,7 und 63 mm Durchmesser untersucht.

3.13 Die Versuchsdurchführung

Die folgende Beschreibung bezieht sich zunachst auf die Druckverlustmessungen, die Bestimmungen der Flutungsgrenzen bei unendlichem und die bei endlichem Rucklaufverhaltnis, fur die die gleiche Apparatur benutzt wurde. Dabei erwies es sich als zweckmaßig, so vorzugehen, daß zunachst die Messungen bei 10 Torr, dann bei 50 und 250, zuletzt die bei Normaldruck durchgefuhrt wurden. Innerhalb einer Meßreihe begannen die Messungen bei zunachst hoher Belastung mit der

Bestimmung der Flutungsgrenzen um sicherzustellen, einen guten Benetzungsgrad der Fullkorper zu erreichen.

Nach dem Aufbau wurde die Kolonne zunachst auf ihre Dichtigkeit gepruft derart, daß nach Evakuierung auf etwa 5 Torr das angeschlossene Manometer innerhalb einer Viertelstunde keinen merklichen Abfall des Vakuums zeigen durfte.

War diese Bedingung erfullt, so wurde die Blase mit der Testsubstanz beschickt und die freien Stellen der Apparatur mit Glaswolle zur Vermeidung von Warmeverlusten isoliert. Nun folgte das Anfahren der Kolonne, indem das Kuhlwasser angestellt, die Kontaktthermometer der Mantelheizung auf die Siedetemperatur der jeweiligen Substanz eingestellt und schließlich die Ölbadheizung eingeschaltet wurde Diese blieb so lange voll eingeschaltet, bis ein deutlich erkennbares Fluten erreicht war und danach durch Abschalten die am Kopf der Kolonne angestaute Flussigkeit in die Blase zuruckfloß, dieser Vorgang wurde mehrmals wiederholt, um eine gute Benetzung der Fullkorper zu gewahrleisten. Dann erst begannen die Messungen mit der Bestimmung des Flutungspunktes durch Ablesen des Druckverlustes und Messen der Belastung. Wahrend der Druckverlust am Differenzdruck-Manometer direkt abgelesen werden konnte, wurde die Belastung durch Feststellung der genauen Zeit ermittelt, innerhalb derer sich 30 cm³ Flussigkeit im Rucklaufmesser am Fuße der Kolonne (Abb. 24, Ziffer *2*) angesammelt hatte. Die Meßwerte unterhalb der Flutungsgrenze sind durch entsprechende Verringerung der Heizleistung gewonnen worden. Nachdem der Versuch einige Zeit im Gange war, machte sich oft ein stoßweises Sieden besonders bei Vakuum storend bemerkbar, was hauptsachlich auf Verunreinigung der Testsubstanz durch Herauslosen von Silikon-Fett aus den Schliffverbindungen zuruckzufuhren ist. In diesem Falle wurde der Versuch unterbrochen und das Versuchsgut durch Destillation erneut gereinigt.

Die Randgangigkeitsmessungen wurden im Prinzip auf die gleiche Art durchgefuhrt insofern, daß auch hierbei die Zeit festgestellt wurde, in der sich die bestimmte Flussigkeitsmenge von 30 cm³ in den Meßkugeln gesammelt hatte. Alles weitere ist bei der Beschreibung der Apparatur im vorigen Abschn. 3 12 angegeben.

3.2 Die Versuchsergebnisse

3.21 Die Druckverlustmessungen

In den nachfolgenden Diagrammen sind die Ergebnisse der Druckverlustmessungen graphisch aufgetragen. Dabei zeigt die Ordinate den Meßwert des Druckverlustes in mm WS direkt an, wahrend der jeweils zugehorige Abszissenwert aus folgender Rechnung gewonnen wurde:

Der in cm^3/sec gefundene Meßwert der Rücklaufmenge wurde in L/h umgerechnet und mit Hilfe der Beziehung

$$\frac{\text{Rucklaufmenge}\left[\frac{L}{\eta}\right]}{1000 \cdot F\,[m^2]} = B\left[\frac{m^3}{m^2 \cdot h}\right] \tag{55}$$

die volumetrische Flussigkeitsbelastung bestimmt und aus ihr durch Multiplikation mit der Dichte die Massenbelastung $\frac{kg}{m^2 \cdot h}$ gewonnen. Dieser letzte Wert ist von Bedeutung, da bei unendlichem Rücklaufverhältnis, bei dem im vorliegenden Fall gearbeitet wurde, die Gas- und Flüssigkeits-Massenbelastung identisch ist. Deshalb kann nach der Gleichung

$$\frac{G\left[\frac{kg}{m^2 \cdot h}\right]}{3600\left[\frac{sec}{h}\right] \cdot \varrho\left[\frac{kg}{m^3}\right]} = v\left[\frac{m}{sec}\right] \tag{56}$$

die Dampfgeschwindigkeit, bezogen auf den gesamten Querschnitt berechnet werden, diese ist als Abszissenwert aufgetragen.

Um einen Überblick auf die Gesamtheit der Messungen zu gewinnen wurden die Meßergebnisse derart aufgetragen, daß sowohl die Abhängigkeit fur jeweils eine Testsubstanz (Abb. 35 bis 38) als auch fur gleichen Arbeitsdruck jedoch verschiedene Substanzen (Abb. 39 bis 42) erkennbar ist (s. S. 81—84).

3.22 Die Randgängigkeitsmessungen

Die folgenden Abbildungen und Zusammenstellungen enthalten zusammenfassend die Ergebnisse der Druckverlust- und Randgangigkeitsmessungen mit dem System Luft/Wasser und den Apparaturen der Abb. 32 und 33 fur $4 \times 4 \times 0{,}4$-mm-Wendelfullkorper aus V4A-Draht sowie einem Abstand zwischen Kolonnenwand und oberen Trichterrand von 2 mm. Es wurden Kolonnen von folgenden Abmessungen benutzt:

Kolonnendurchmesser in mm	Mittlere Flache in m^2	Ringformige Flache in m^2	Abbildungen
63,00	0,00291	0,00021	32
42.71	0,001301	0,000527	32
28,00	0,00531	0,000085	32
35,00	0,000855	0,00009	33

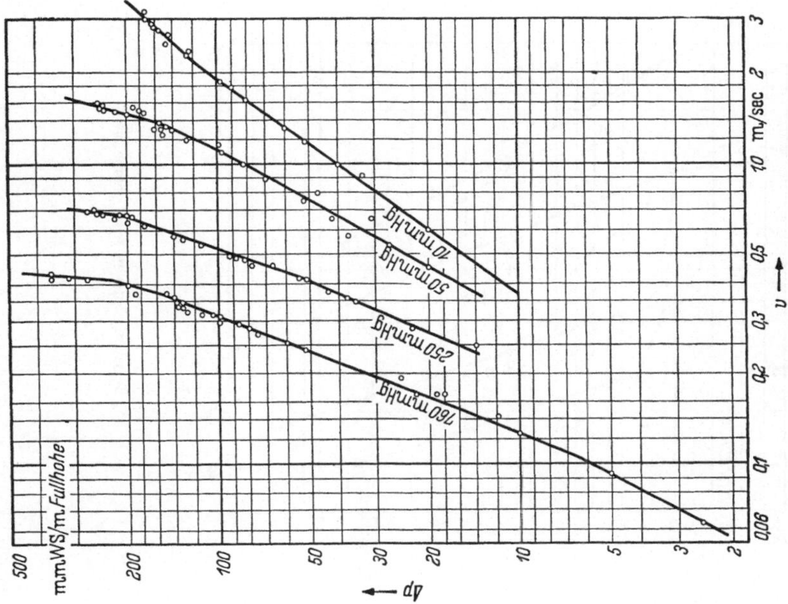

Abb. 36. Belastungskurven für Isoamylalkohol

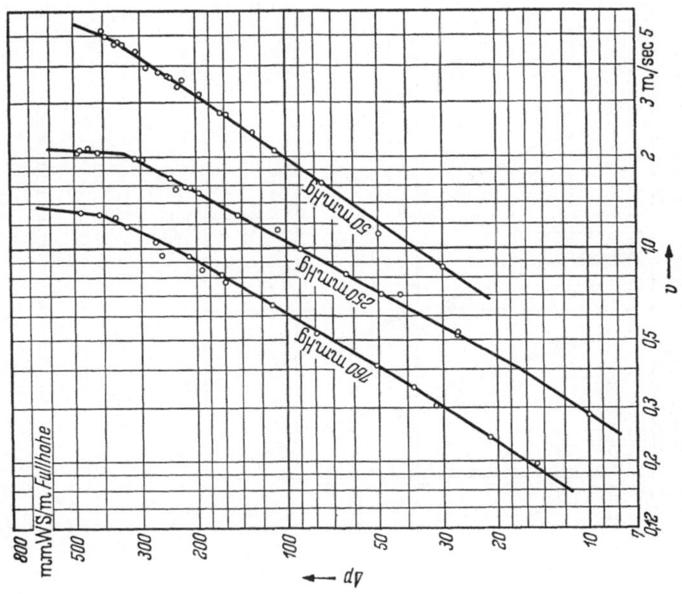

Abb. 35. Belastungskurven für Wasser

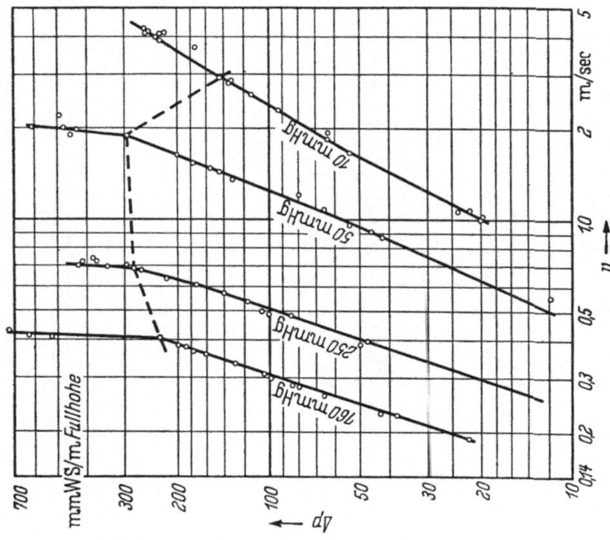

Abb 38. Belastungskurven fur Cyclohexanol

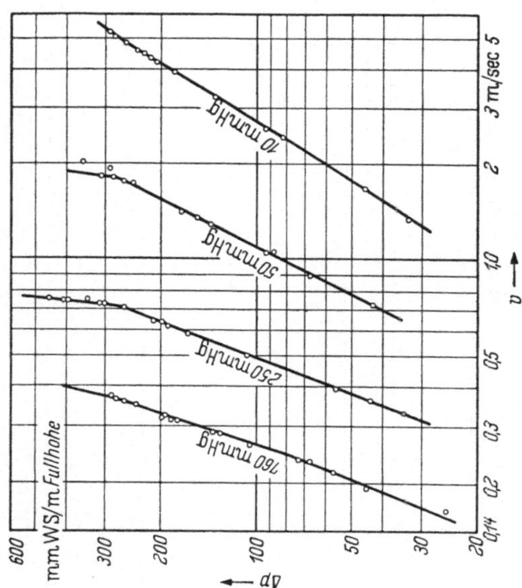

Abb 37. Belastungskurven fur Phenol

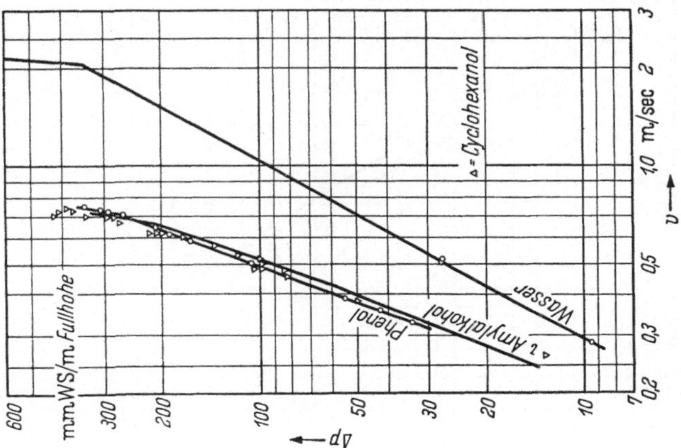

Abb. 40. Belastungskurven bei 250 mm Hg

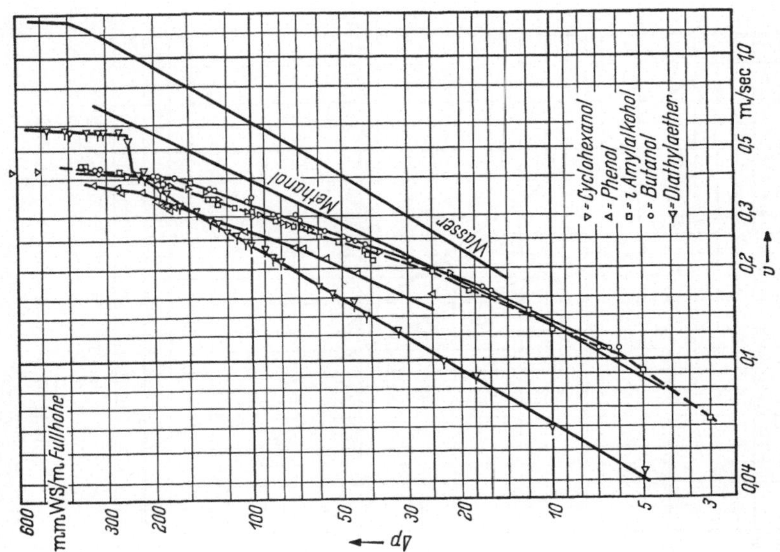

Abb. 39. Belastungskurven bei 760 mm Hg

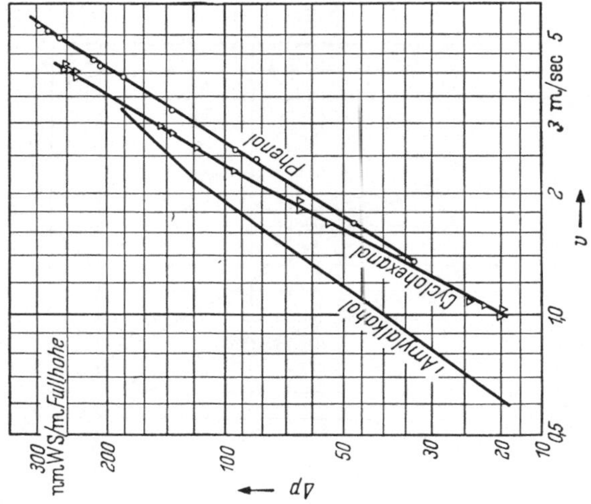

Abb. 42 Belastungskurven bei 10 mm Hg

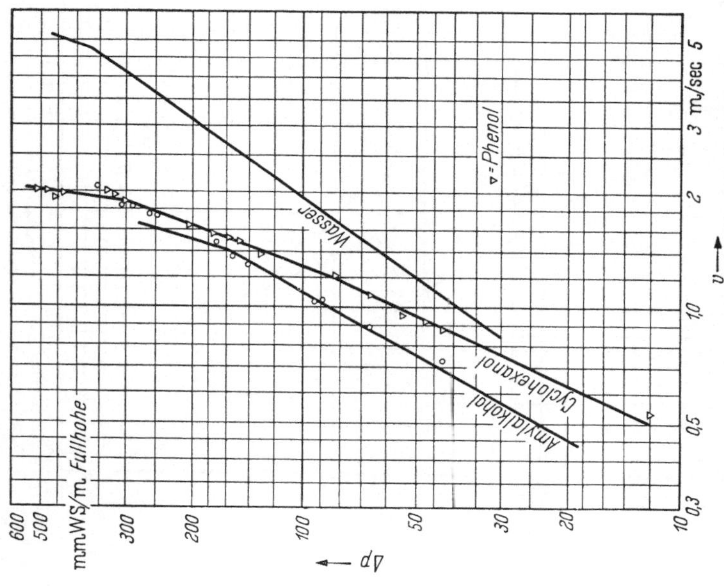

Abb. 41 Belastungskurven bei 50 mm Hg

Tabelle 6 *Zusammenfassung der Randgangigkeitsmessung mit Hinweisen auf die Abb. 43 bis 47*

Kolonnen-durchmesser in mm	h/d	Abb	Kurve Nr	Flussigkeitsbelastung Liter/h	Flussigkeitsbelastung m³/m²h	% Randgangigkeit
Fullhohe: 250 mm						
42,71	5,86	46	*1*	1,72	1,198	44,4 – 17,5
			2	6,00	4,17	72,9 – 0
			3	6,12	4,26	64,7 – 2,8
63,0	3,97	47	*1*	5,96	1,910	75,3 – 3,6
			2	12,0	3,846	85,2 – 0
Fullhohe 500 mm						
28,0	17,35	43	*1*	1,70	2,76	75 – 73
			2	2,43	3,944	91,6 – 75,1
			3	3,97	6,44	85 – 80
			4	7,73	12,50	87 – 86,9
			5	12,00	20,29	78,3 – 75,9
35,0	14,27	45	*1*	2,876	2,988	76 – 74,6
			2	5,400	5,610	82,6 – 80,6
			3	5,800	6,030	75 – 76,9
			4	8,46	8,800	73,5 – 74,2
			5	9,03	9,40	53,2 – 56,4[1]
42,71	11,7	46	*4*	1,80	1,252	78,5 – 73,2
			5	2,98	2,06	59,8 – 11,5
			6	6,10	4,25	48,3 – 6,4
Fullhohe: 1000 mm						
28,0	35,7	44	*10*	1,60	2,597	68,1
63,0	15,9	47	*3*	2,75	0,881	50,6 – 24,4
Fullhohe: 1500 mm						
28,0	53,6	44	*6*	2,40	2,272	72,9 – 72,9
			7	3,10	5,032	77,6 – 76,7
42,7	35,1	46	*8*	1,85	1,29	57,6 – 56,1
			9	5,90	4,11	70,5 – 68,7
63,0	23,8	47	*4*	2,69	0,826	43,5 – 7,24
			5	5,80	1,858	60,9 – 11,6
			6	13,60	4,35	72 – 67,2
			7	3,40	1,08	13,5 – 3,30[2]
			8	5,70	1,826	30,0 – 12,5[2]

[1] 4-mm-Porzellan-Berlsattel. [2] Flüssige Phase: Isoamylalkohol.

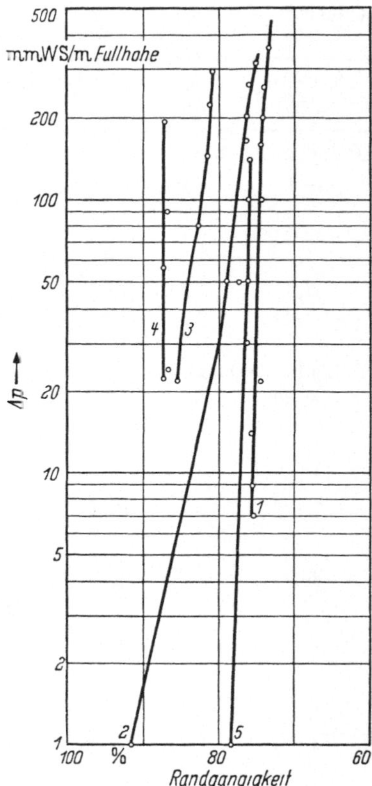

Abb. 43

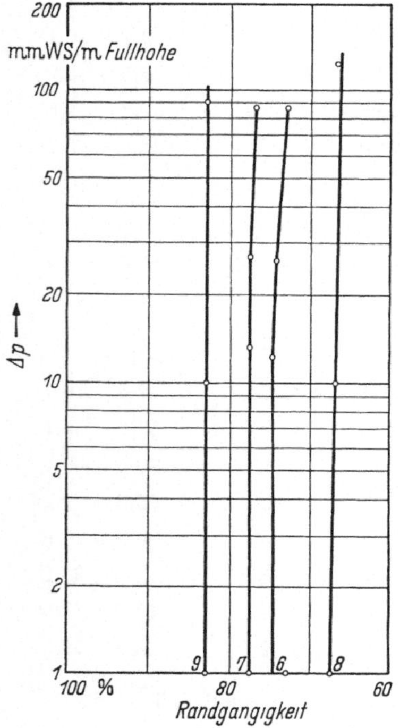

Abb. 44

Abb. 43 und 44
Randgängigkeitsmessungen

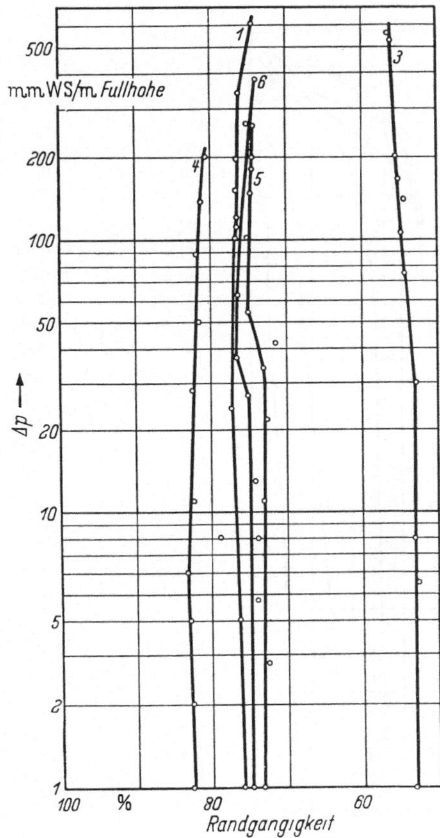

Abb 45

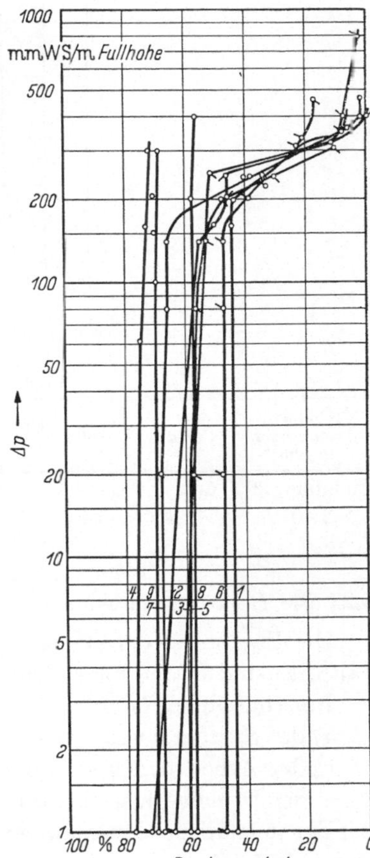

Abb 46

Abb 45 und 46
Randgängigkeitsmessungen

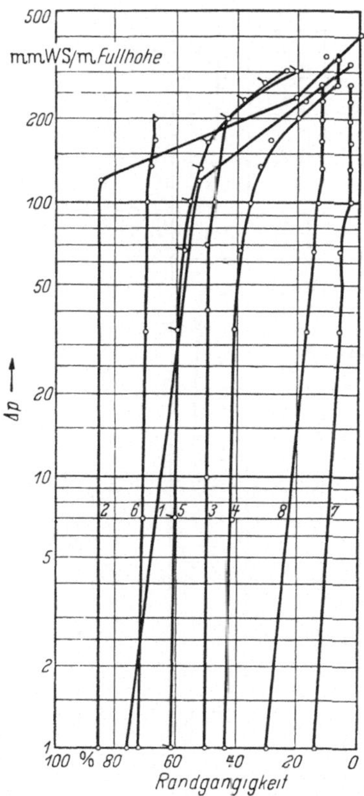

Abb 47 Randgangigkeitsmessungen

Tabelle 6 (Fortsetzung)

Kolonnen-durchmesser in mm	h/d	Abb	Kurve Nr	Flussigkeitsbelastung Liter/h	Flussigkeitsbelastung m^3/m^2h	% Randgangigkeit
Fullhohe. 2000 mm						
28,0	71,4	44	8	1,27	2,06	67,3 – 66,6
			9	3,13	5,08	83,2 – 82,85

3.23 Die Belastungsmessungen in Abhängigkeit vom Rücklaufverhältnis

Die Ergebnisse der Belastungsmessungen für endliche Rucklaufverhaltnisse sind in den folgenden Abbildungen zusammengetragen.

Innerhalb einer Meßreihe wurden konstant gehalten:

a) das System flussig/gasformig einer reinen Substanz,

b) der Arbeitsdruck als gemessener Druck am Kopf der Apparatur

c) der Druckverlust uber die Fullhohe.

Für unendliches Rucklaufverhältnis ergibt sich dadurch fur den einzelnen Versuch ein ganz bestimmter Wert der Flussigkeitsbelastung, der

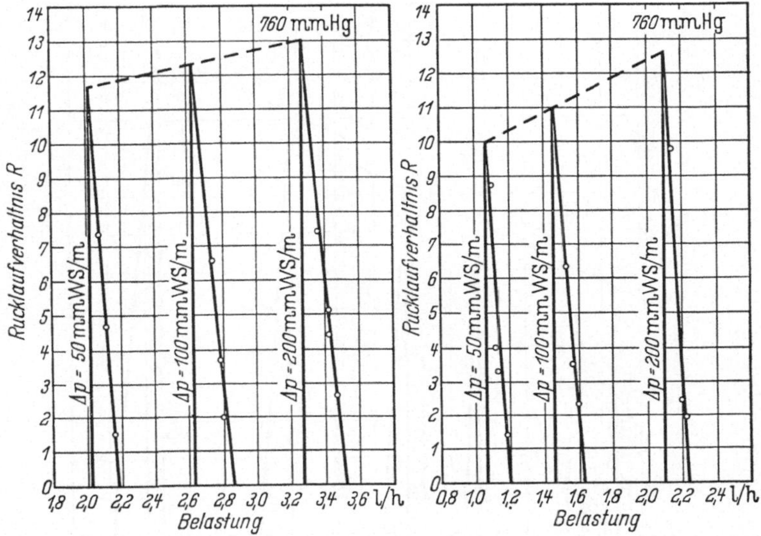

Abb 48 Belastungsmessungen in Abhangigkeit vom Rucklaufverhaltnis fur Methanol und Butanol

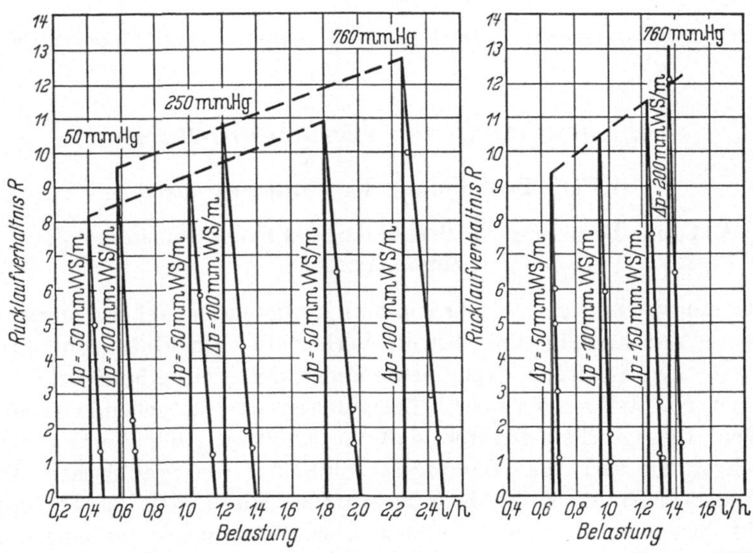

Abb 49 Belastungsmessungen in Abhangigkeit vom Rucklaufverhaltnis fur Wasser und Phenol

in den Abbildungen als Gerade, parallel zur Ordinate, eingetragen ist. Die Kurven fur die gemittelten Meßwerte der Flussigkeitsbelastung in Abhangigkeit zum endlichen Rücklaufverhältnis nähern sich dieser Geraden jeweils asymptotisch.

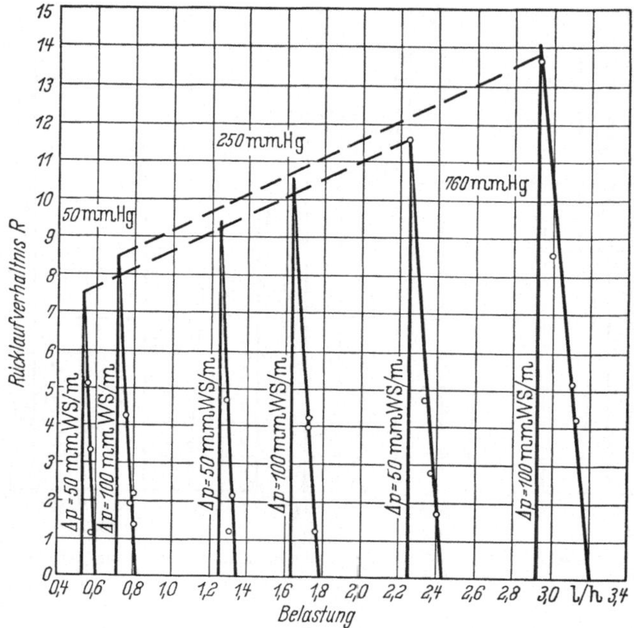

Abb 50. Belastungsmessungen in Abhängigkeit vom Rücklaufverhältnis für Isoamylalkohol

4. Auswertung der Versuchsergebnisse

4.1 Die Bestimmung der Flutungsgrenzen

4.11 Eine Beziehung zur Berechnung des Druckverlustes an der Flutungsgrenze

In Auswertung der in Abschn. 3.21 mitgeteilten Meßergebnisse erschien es zweckmäßig, zunächst die Verhältnisse am Flutungspunkt zu erfassen. Dabei mußten experimentelle Schwierigkeiten hinsichtlich der genauen Feststellung der oberen Belastungsgrenze weitgehend eliminiert werden. Dies geschah dadurch, daß zur Ermittlung der Werte für den Druckverlust und die Dampfgeschwindigkeit die graphischen Darstellungen Abb. 35 bis 42 benutzt wurden. Hierin galt als Flutungspunkt derjenige, an dem die Druckverlust-Belastungskurve eine deutliche Richtungsänderung erkennen läßt. Es erschien verständlich, daß diese Neigungsänderung mit fallendem Arbeitsdruck zunehmend schwerer zu erkennen ist: Mit abnehmendem Druck und damit zugleich abnehmender Dampfdichte verringert sich der Stoffinhalt bei stets gleichen Kolonnenabmessungen, so daß sich mit sinkender Flüssigkeitsbelastung die Belastungskurven immer mehr einer Geraden für unberieselte Füllkörper nähern müssen. Die ermittelten Daten für die Flutungspunkte sind in Tab. 7 zusammengestellt.

Tabelle 7. *Zusammenstellung der Dampfgeschwindigkeiten und Druckverluste am Flutungspunkt*

Testsubstanz	760 mmHg		250 mmHg		50 mmHg		10 mmHg	
	Δp	v m/sec	Δp	v m/sec	Δp	v m/sec	Δp	v m/sec
Äther	250	0,420						
Methanol	340	0,690						
n-Butanol	220	0,405						
Wasser	420	1,280	350	2,04	360	4,750		
Isoamylalkohol	230	0,410	215	0.670	155	1,370	115	2,10
Phenol	240	0,362	270	0,720	285	1,82	220	4,40
Cyclohexanol	230	0,410	280	0,696	290	1,88	145	2,96

Die nun folgenden Betrachtungen gelten rechnerischen Beziehungen zur Ermittlung des Druckverlustes an der oberen Belastungsgrenze in Abhängigkeit von den physikalischen Eigenschaften der Testsubstanzen. Dabei wurde nach den in den vorigen Abschnitten gewonnenen Erkenntnissen davon ausgegangen, daß es hierbei wenig Erfolg verspricht, theoretische Gesichtspunkte allein maßgebend heranzuziehen, sondern besser einen empirischen Ausdruck zu finden, der möglichst allgemein anwendbar sein soll.

Der Ansatz wurde wie folgt gewählt:

$$\Delta p = k \cdot \sqrt[3]{\frac{\sigma}{\varrho_G \cdot \varrho_L \cdot \mu_G^2}} . \tag{57}$$

Hierin bedeutet k eine vom Gesamtdruck abhängige Konstante, deren Wert für verschiedene Drucke aus der graphischen Darstellung Abb. 51 entnommen werden kann. Vorstehende Gl. (57) wurde anhand eigener Messungen ermittelt, jedoch geprüft, welche Übereinstimmung sich mit den Messungen von DAVID [*28, 29*] ergibt, die mit 8-mm-Raschig-Ringen durchgeführt wurden. Hierfür dienten die Meßwerte DAVIDs für die Gemische Benzol/Toluol und Benzol/Dichloräthan. Aus den Angaben wurde entsprechend der Gl. (57) der Wert für k errechnet und die erhaltenen Zahlen in das Diagramm Abb. 51 eingetragen (– – – – –). Die Übereinstimmung kann nicht als schlecht bezeichnet werden, wenn sie auch nicht sehr gut ist. Eine Erklärung ist darin zu sehen, daß der Zahlenwert für die Dampfviskosität in die Rechnung hoch eingeht, dieser aber nicht exakt genug bekannt ist. Im vorliegenden Fall wurde der von DAVID jeweils angegebene Wert benutzt, der jedoch nur recht grob abgeschätzt ist. Für das von DAVID ebenfalls vermessene Gemisch Wasser/

Essigsäure ergab sich jedoch keine Übereinstimmung. Dies erklärt sich wie folgt: Bis auf wenige sind die von DAVID angegebenen physikalischen

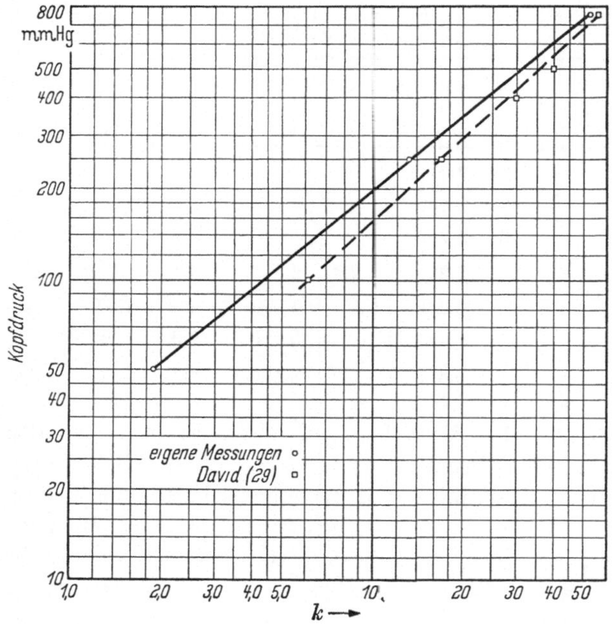

Abb 51 Abhangigkeit des Wertes k aus Gl (57) vom Kopfdruck

Daten Mittelwerte, die nicht unbedingt der Zusammensetzung am Kopf der Kolonne entsprechen müssen. Dies wird jedoch fur die Gemische Benzol/Toluol und auch Benzol/Dichlorathan nicht allzu schwer ins Gewicht fallen, dagegen unterscheiden sich die physikalischen Eigenschaften von Wasser und Essigsaure ganz betrachtlich und ihrer Mittelwertsbildung müßte eine großere Aufmerksamkeit gewidmet werden. Da DAVID Meßwerte von den Verhältnissen am Kopf der Kolonne nicht vollständig angegeben hat, mußte auf unzureichend genaue Werte zuruckgegriffen werden, was die Nichtubereinstimmung fur das Gemisch Wasser/Essigsaure hinreichend erklart. Im übrigen bestatigt die gute Übereinstimmung der Werte fur das Gemisch Benzol/Toluol die oft vertretene Ansicht, daß der Druckverlust am Flutungspunkt nahezu unabhangig von der Fullkorperart ist, so daß der Widerstand in erster Linie in der hydrostatischen Hohe zu suchen ist, was die Einfuhrung der Oberflächenspannung in den Ausdruck zur Berechnung des Druckverlustes hinreichend begrundet. Die vorstehende Gl. (57) wurde fur 760 Torr ermittelt anhand der Werte von Wasser, Methanol, Butanol, Phenol und Äther. Fur die Auswertung bei niederen Drucken konnten allerdings nur die Meßdaten fur Wasser berucksichtigt werden, da für die anderen Substanzen Gasviskositaten in der Literatur nicht angegeben waren und diese auch nur schwerlich empirisch zu ermitteln sind. Da jedoch im Diagramm zur Ermittlung des k-Wertes alle Punkte fur 760 Torr sehr gut aufeinanderfallen, ist mit großer Wahrscheinlichkeit anzunehmen, daß die benutzte Darstellung auch fur andere Drucke ihre Gultigkeit hat. Ihre Auswertung fuhrt zu dem folgenden Ausdruck zur Berechnung des Druckverlustes an der Flutungsgrenze:

$$\Delta p = 0{,}01466 \cdot p^{1,242} \cdot \sqrt[3]{\frac{\sigma}{\varrho_G \cdot \varrho_L \cdot \mu_G^2}}\,. \qquad (58)$$

4.12 Eine Beziehung zur Berechnung der Dampfgeschwindigkeit an der Flutungsgrenze

Auf die Auswertung der ermittelten Daten fur die Dampfgeschwindigkeit am Flutungspunkt wurde besondere Aufmerksamkeit verwandt. Die gefundenen Werte wurden zunachst in ein Koordinatensystem einge-

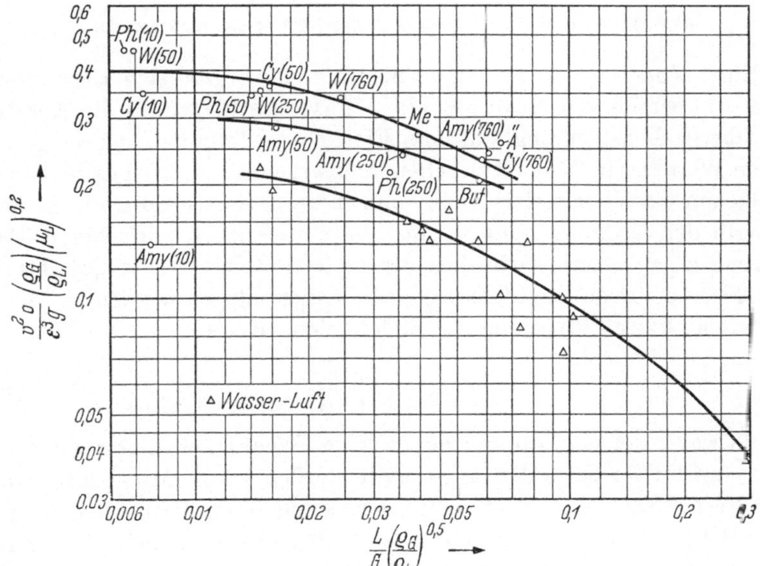

Abb. 52. Darstellung der Flutungsdampfgeschwindigkeit (nach SHERWOOD)

tragen, wie es von SHERWOOD [*142*] vorgeschlagen worden ist. Die untere der Kurven in Abb. 52 beschreibt entsprechend die Ergebnisse der Versuche mit Wasser und Luft Die Genauigkeit wurde anhand einiger von SHERWOOD vermessenen Werte überpruft und die Übereinstimmung fur gut befunden. Wahrend nun SHERWOOD angibt, daß die von ihm mitgeteilte Kurve nicht nur fur Wasser/Luft-Gemische, sondern ganz allgemein Gultigkeit besitzt, konnte dies im vorliegenden Fall nicht bestatigt werden. Dıe Meßwerte mit anderen Testsubstanzen streuen in einem Bereich, der in Abb. 52 durch zwei Kurven in etwa abgegrenzt ist und der mit den Angaben von SHERWOOD nicht in Einklang zu bringen ist

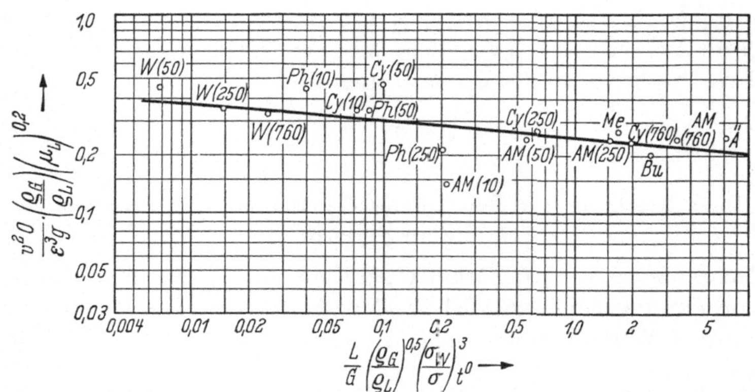

Abb 53 Darstellung der Flutungsdampfgeschwındıgkeıt (nach NEWTON)

Eine bedeutend bessere Übereinstimmung ergibt sich aber, wenn man, wie bereits von NEWTON [*114, 115*] vorgeschlagen, in die Abszisse die Oberflachenspannung einfuhrt. Eine Darstellung der hieraus gefundenen Werte ist in Abb 53 zu sehen. Man erkennt jedoch, daß die Streuungen um eine gemittelte Kurve immer noch sehr groß sind. Es liegt deshalb der Gedanke nahe, es mit einer wesentlich einfacheren Darstellung zu versuchen, wie dies bereıts von KIRSCHBAUM [*82*], DAVID [*28, 29*] und PETERS und CANNON [*122*] vorgeschlagen worden ist.

KIRSCHBAUM [*78*] schlug fur Bodenkolonnen vor:

$$v_{\max} = c \cdot \sqrt{\frac{\varrho_L}{\varrho_G}}. \tag{59}$$

Es war zu prufen, ob und mit welcher Genauigkeit dieser Ausdruck auch fur Fullkorpersaulen angewandt werden kann. Mit dieser Frage befaßte sich bereits DAVID [*28, 29*], der jedoch die Änderung der Flussigkeitsdichte fur verschiedene Substanzen fur so gering hielt, daß er auf eine Angabe von ϱ_L verzichtete und damit zu der bereits in Abschn 2 erwahnten Formel gelangte ·

$$v_{\max} = 0{,}83 \cdot \varrho_G^{-0{,}5}. \tag{60}$$

Tatsachlıch liegen seıne Meßwerte recht gut auf einer Geraden ım obigen Sinne. Eine Überprüfung anhand der in vorlıegender Arbeıt gewonnenen Meßwerte ergab jedoch, daß diese durch eine Gerade mit der Gleichung

$$v_{\max} = 0{,}755 \cdot \varrho_G^{-0{,}6}. \tag{61}$$

am besten wiedergegeben werden, wie sie in Abb. 54 dargestellt ist. Dies widerspricht durchaus der von DAVID vertretenen Ansicht, daß sich bei Wahl anderer Füllkörper die Geraden im logarithmischen System nur jeweils parallel verschieben sollen, während sie sich im vorliegenden Fall durch die Ermittlung eines von 0,5 verschiedenen Exponenten eindeutig schneiden.

Nach den in den vorigen Abschnitten wiedergegebenen vielfachen Beobachtungen muß nun angenommen werden, daß Eigenschaften der

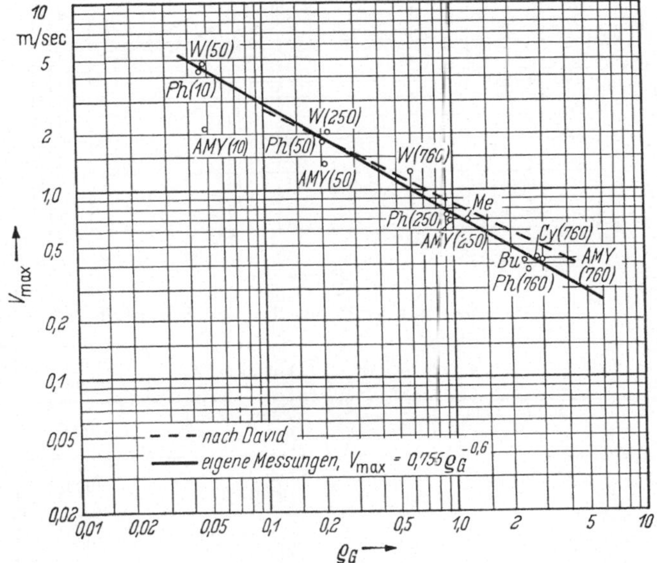

Abb 54 Darstellung der Flutungsdampfgeschwindigkeit (nach DAVID)

Dampf- als auch der Flüssigkeitsphase gleichermaßen am Flutungspunkt von Bedeutung sind. In der Tat können die beiden Geraden der Abb. 54 dann zur Deckung gebracht werden, wenn man in die Ordinate die Flüssigkeitsdichte zusätzlich einführt. Dabei ist festzustellen, daß die Streuung der Meßwerte nur unerheblich größer ist als in der ersten Darstellung. Es ergibt sich hiermit als Definitionsgleichung:

$$v_{\max} = 0{,}0228 \cdot \left(\frac{\varrho_G}{\varrho_L}\right)^{-0{,}56} \tag{62}$$

Dieser Gleichungstyp scheint zur Erfassung der Dampfgeschwindigkeit am Flutungspunkt wesentlich besser geeignet zu sein, wie der von DAVID vorgeschlagene. Aus Abb. 55 ist anschaulich zu übersehen, daß sich für verschiedene Füllkörper nicht der Exponent, sondern nur der Faktor ändert, der als eine von der Form und Abmessung der Füllkörper abhängige Konstante anzusehen ist.

Diese Ansicht kann wie folgt begründet werden:

Wenn auch eine Übereinstimmung im Diagramm nach SHERWOOD [*142*] nicht gefunden wurde, so muß nicht ungedingt daraus folgern, daß

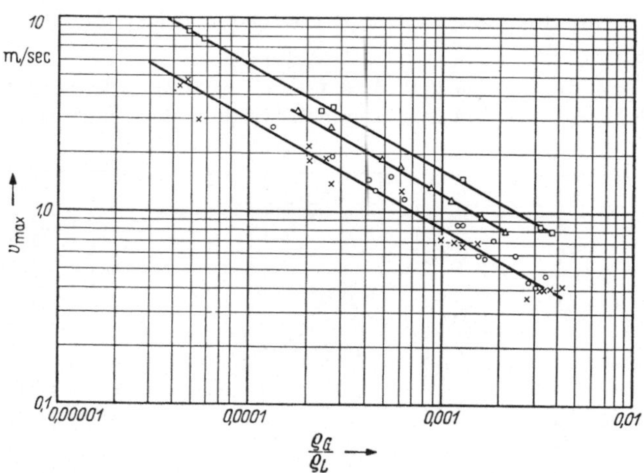

Abb 55 Darstellung der Flutungsdampfgeschwindigkeit

	Kolonnen ø	Fullkorper-Art	Fullhohe in mm	Zeichen
Eigene Messungen	30 mm	4×4×0,4 mm Wendeln	1000	×
	42,5 mm	8 mm Drahtnetz-Berl-Sattel	1000	□
DAVID [*29*]	100 mm	8×8×1 mm Raschig-Ringe	1000	○
PETERS u CANNON [*122*]	50,8 mm	3,76×3,76 mm Protruded-Korper	60,96	△

das Prinzipielle seiner Überlegungen ahnlichkeitstheoretischer Art abzulehnen ist. Nun fand SAWISTOWSKI [*134*] als rechnerischen Ausdruck der SHERWOODschen Kurve:

$$\log \frac{v_{max}^2 \cdot O \cdot \varrho_G}{9{,}81 \cdot \varepsilon^3 \cdot \varrho_L} \cdot \left(\frac{\mu_L}{\mu_W}\right)^{0,2} = -1{,}73 \cdot \left(\frac{L}{G}\right)^{1/_1} \cdot \left(\frac{\varrho_G}{\varrho_L}\right)^{1/_8}. \tag{63}$$

Lost man diese Formel nach v_{max} auf, so erhalt man unter Berucksichtigung der Tatsache, daß fur den vorliegenden Fall bei $R = \infty$ dann $L = G$ ist:

$$v_{max} = \sqrt{\frac{\varrho_L}{\varrho_G}} \cdot \sqrt{\frac{9{,}81 \cdot \varepsilon^3}{O}} \cdot \left(\frac{\mu_W}{\mu_L}\right)^{0,1} \cdot 10^{-0,87 \cdot \left(\frac{\varrho_G}{\varrho_L}\right)^{1/_8}}. \tag{64}$$

Hierbei muß bedacht werden, daß, schwankt $\varrho_G = 0{,}04 \cdots 4$, sich der exponentielle Faktor nur von $0{,}56 \cdots 0{,}36$ verändert, und daß ferner die zehnte Wurzel aus dem Verhältnis der Viskositäten nur selten um mehr als 4% von 1,00 abweicht, so daß endlich verbleibt:

$$v_{\max} = c \cdot \sqrt{\frac{\varrho_L}{\varrho_G}}\,, \tag{65}$$

worin c als in erster Linie von der Art der Füllkörper abhängig angesehen werden kann.

Gl. (65) entspricht nun im Aufbau durchaus der gefundenen Beziehung (62), so daß auch für sie begründet angenommen werden kann, daß sich nur der angegebene Faktor mit der Wahl einer anderen Füllkörperart verändern wird. Daß sich diese Änderung entsprechend Gl. (64) in dem Sinne

$$c = f\left(\sqrt{\frac{9{,}81 \cdot \varepsilon^3}{O}}\right) \tag{66}$$

vollzieht, konnte allerdings nicht bestätigt werden.

Bei der Prüfung, wie sich die den Abb. 2 bis 8 entnommenen Flutungsdampfgeschwindigkeiten anderer Verfasser in das System der Abb. 55 eintragen lassen, wurde gefunden, daß für die Füllkörper abhängige Konstante nur die äußerliche Abmessung und grobe Form von Bedeutung ist. So liegt z. B. der Meßwert von FISHER und BOWEN [*44*] für einen MCMAHON-Körper auf der Geraden für Berl-Sattel gleicher Abmessung, wie auch der Wert von STRUCK und KINNEY [*154*] für Single-turn-Helices mit denen für Wendel-Füllkörper hervorragend gut übereinstimmt.

Es lassen sich also zwei Schlußfolgerungen ziehen:

1. Die Schwankung der Meßwerte um eine Gerade im Sinne der Gl. (62) ist in allen Fällen so gering, daß es nicht notwendig erscheint, für die Maßeinheiten der Ordinate komplizierte Ausdrücke zu wählen, sondern daß es hinreichend ist, eine einfache Darstellung der Grenzgeschwindigkeit in Abhängigkeit von dem Dichteverhältnis der Gemischpartner zu wählen.

2. In Übereinstimmung mit den Angaben von LUBIN [*100*], SARCHET [*133*] und DAVID [*28, 29*] bestätigt sich, daß die Kolonneneigenschaften am Flutungspunkt weitgehend verschwinden. Dies gilt jedoch nur für Flutungserscheinungen unter Destillationsbedingungen.

Die Gerade der Abb. 55 resultiert aus Messungen bei $R = \infty$; es ist jedoch, wie im Abschn. 4.4 gezeigt werden soll, zu erwarten, daß sich für endliche Rücklaufverhältnisse keine wesentlichen Veränderungen ergeben. Es muß jedoch angemerkt werden, daß ein Ausdruck von der Form

$$v_{\max} = c \cdot \left(\frac{\varrho_G}{\varrho_F}\right)^{-0{,}56} \tag{67}$$

für Wasser/Luft-Gemische nicht gilt, dagegen für den hier interessierenden Bereich der Destillation durchaus für praktische Verhältnisse hinreichend verwendbar ist.

4.2 Ein Ansatz zu einer allgemeinen Druckverlustgleichung

Der für die Destillation interessanteste Bereich ist der zwischen unterer und oberer Belastungsgrenze. Über die Theorie und praktischen Verfahren zur Berechnung des Druckverlustes in diesem Bereich ist im Abschn. 2 berichtet worden. Die für die Praxis brauchbarsten Methoden sind von LEVA [*93*] angegeben worden, jedoch ist die von ihm selbst aufgestellte Beziehung (35) zur Berechnung des Druckverlustes nach Angabe nur für den Bereich unterhalb der unteren Belastungsgrenzen einwandfrei brauchbar. Für den höheren Bereich gilt die von ihm entworfene graphische Darstellung nach SHERWOOD, doch ist diese für den Praktiker nur leider schwierig auswertbar.

Es wurde zunächst versucht, ob nicht doch die Gl. (35) von LEVA für einen größeren Bereich anwendbar ist, wie dies durchaus für möglich gehalten werden kann. Da die Konstanten α und β dieser Gleichung

$$\frac{\Delta p}{h} = \alpha \cdot 10^{\beta \cdot v_L} \cdot \frac{v_G^2}{\varrho_G} \tag{35}$$

sich nur für verschiedene Füllkörpersorten verändern sollen, sind die Meßdaten der vorliegenden Arbeit, die lediglich auf der Wahl mehrerer Testsubstanzen unter sonst gleichbleibenden apparativen Bedingungen beruhen, zur Überprüfung besonders gut geeignet.

So errechneten sich z. B. für Wasser bei 760 Torr Arbeitsdruck und 200 mmWS Druckverlust die Werte

$$\alpha = 24; \qquad \beta = 0{,}560\,.$$

Für den mit der gleichen Apparatur und denselben Füllkörpern gewonnen Werten für Isoamylalkohol bei 760 Torr und 100 mmWS Druckverlust ergaben sich jedoch

$$\alpha = 0{,}21; \qquad \beta = 0{,}796\,.$$

Obwohl Zahlen in der gleichen Größenordnung zu erwarten waren, so differieren sie dennoch erheblich, woraus geschlossen werden muß, daß ein Ausdruck in der von LEVA angegebenen Form in einem größeren Belastungsbereich keine Gültigkeit besitzt.

Gleichfalls ergebnislos verliefen die Versuche, die Meßwerte in das Diagramm nach SHERWOOD einzutragen. Diese Darstellung, die anhand von Luft/Wasser-Versuchen entwickelt wurde, gilt demnach in erster Linie nur für das genannte oder ähnliche Gemische, für die Abschätzung der Belastungsverhältnisse unter Destillationsbedingungen eignet sie sich jedoch zumindest nicht in allen Fällen.

Um einen Ansatz zu finden, wie die Druckverlustmessungen auszuwerten wären, ist folgende Beobachtung von Bedeutung: BRAUER [*15*] sowie auch SCHULTZE und STAGE [*127*] führten Druckverlustmessungen für verschiedene Füllkörper durch, benutzten jedoch nur jeweils ein Testgemisch. Bei der graphischen Auswertung ihrer Messungen verschoben sich die Kurven für verschiedene Füllkörper nur jeweils parallel. In der vorliegenden Arbeit wurden die Messungen nur für eine Füllkörperart, jedoch mit verschiedenen Substanzen durchgeführt. Bei der graphischen Auswertung sind deshalb verschiedene Neigungen der Druckverlustkurven für verschiedene Substanzen zu erwarten. Auch die Arbeiten von DAVID [*28*] und STAGE [*127*] weisen darauf bereits hin. Für die Auswertung der Druckverlustmessungen ist es deshalb von Bedeutung, eine Darstellung zu finden, in der alle anderen Einflüsse mit Ausnahme der physikalischen Daten eliminiert sind. Diese Darstellungsweise wurde dadurch gefunden, daß als eine Koordinate nicht der Druckverlust, sondern das Verhältnis des Druckverlustes zudem an der Flutungsgrenze angegeben, während in der anderen Koordinate nicht die Gasgeschwindigkeit, sondern ihr Verhältnis zur Gasgeschwindigkeit an der Flutungsgrenze eingeführt ist. In dieser Darstellung müssen alle Kurven naturgemäß durch den Punkt 1 gehen. Sie wurde ausgeführt und in Abb. 56 wiedergegeben. Man sieht, daß sich die Abhängigkeit des Geschwindigkeitsverhältnisses

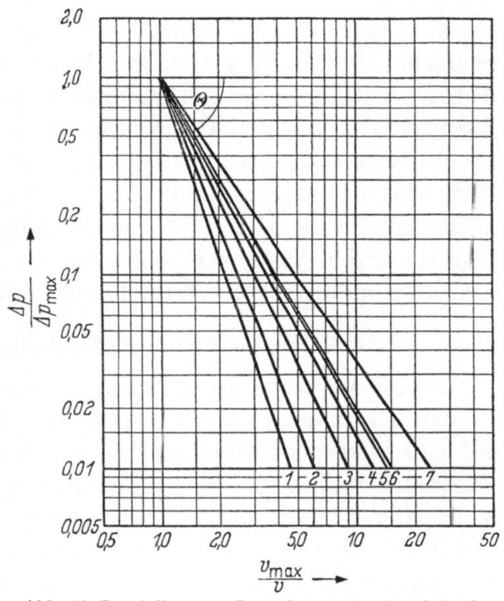

Abb. 56. Darstellung zur Begradigung der physikalischen Eigenschaften
1 Butanol, *2* Phenol, *3* Methanol; *4* Wasser (760); *5* Wasser (250), *6* Äther, *7* Wasser (50)

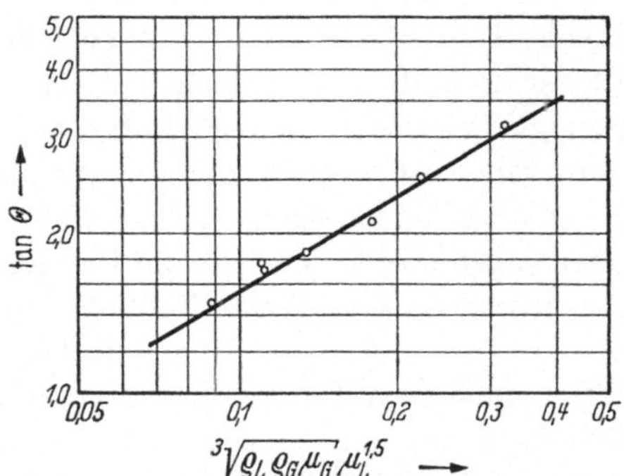

Abb. 57. Diagramm zur graphischen Eliminierung physikalischer Eigenschaften

vom Druckverlustverhältnis hervorragend gut durch Geraden wiedergeben läßt, die fur verschiedene Komponenten eine verschiedene Steigung haben. Als eine weitere Aufgabe galt es, den Neigungswinkel der Geraden in Abhangigkeit von den physikalischen Eigenschaften der Komponenten zu gewinnen. Es war zu erwarten, daß eine große Zahl physikalischer Eigenschaften hierbei von Bedeutung sein würde. Durch vielfaches Probieren wurde schließlich eine Losung gefunden, die in Abb. 57 wiedergegeben ist. Will man also den Einfluß der physikalischen Eigenschaften auf den Druckverlust abschätzen, so kann man aus den Dichten und Viskositaten entsprechend der Abb. 57 den Wert tang Θ der Ordinate entnehmen und ihn entsprechend Abb. 56 von Punkt 1 aus abtragen. Da Druckverlust und Dampfgeschwindigkeit am Flutungspunkt nach den Ausfuhrungen des vorigen Abschnittes bekannt sind, kann der Druckverlust für jede Dampfgeschwindigkeit leicht errechnet werden.

4.3 Die Aussage der Randgängigkeitsmessungen

Bei der Auswertung der Meßergebnisse für die Dampfgeschwindigkeit an der Flutungsgrenze nach dem SHERWOOD-Verfahren war das auffälligste Phanomen, daß die Kurven für die Meßwerte Wasser/Luft im Gegensatz zu den Kurven fur andere Komponenten unter Destillationsbedingungen voneinander verschieden waren. Die physikalische Eigenschaft des Wassers, die im auffalligsten Gegensatz zu denen anderer Substanzen steht, ist die Oberflächenspannung. Es ist deshalb zu vermuten, daß die Differenzen bei der Meßwertauftragung in erster Linie durch diese Eigenschaft verursacht werden. Als eine unmittelbare Folge der großen Oberflachenspannung ist es anzusehen, daß die Fullkorper nicht in idealer Weise benetzt werden. Das kann insbesondere zwei Folgen haben: 1. eine Bachbildung, 2. eine Vergrößerung der Randgangigkeit. Es war deshalb zu untersuchen, ob eine auffallige Differenz in der Randgängigkeit zwischen Wasser/Luft-Gemischen und einer organischen Substanz mit Luft besteht. Zur Auswertung wurden deshalb die Werte der Randgängigkeitmessung in ein halblogarithmisches Koordinatensystem eingetragen, deren Abszisse die Randgangigkeit und deren Ordinate den Druckverlust in mmWS/m Fullhohe angibt (Abb. 43 bis 47). Die Systeme wurden nach verschiedenen Kolonnendurchmessern geordnet. Die den graphischen Darstellungen entsprechenden Erläuterungen sind in Tab. 6, S. 85, zusammengefaßt. In ihnen entsprechen die unter der Rubrik „Kurve Nr.“ angegebenen Ziffern den Indizes an den einzelnen Kurven. Bei der Durchfuhrung der Messungen wurden die folgenden Größen des Systems geandert:

1. Druckverlust,
2. Flussigkeitsbelastung,
3. Kolonnendurchmesser,
4. Füllhohe,
5. Fullkorperart,
6. Testsubstanz.

Nach diesen Gesichtspunkten sind auch die nachstehenden Schlußfolgerungen geordnet:

1. Bei kleinem Kolonnendurchmesser — etwa unter 30 mm — ist eine Abhängigkeit der Randgängigkeit vom Druckverlust praktisch nicht nachweisbar. Bei Kolonnendurchmessern von etwa 40 mm ab und größer ist in dem unteren Bereich des Druckverlustes zunächst keine wesentliche Veränderung der Randgangigkeit zu bemerken, jedoch ab 100 mm WS streben die Kurven in einem scharfen Knick überwiegend dem Punkte 0 fur die Randgängigkeit zu. Hierbei konnte allerdings nicht geklart werden, warum die Kurven Nr. *8*, *9* und *4* der Abb. 46 eine Ausnahme der sonst beobachteten Regelmaßigkeit bilden.

2. Eine Abhangigkeit der Randgangigkeit von der Flussigkeitsbelastung bei sonst gleichbleibenden Verhaltnissen ist kaum zu bemerken, mit zunehmender Flussigkeitsbelastung tritt eine geringfügige Vergroßerung auf. Lediglich eine Meßreihe, namlich die fur einen Durchmesser von 42,7 mm und eine Fullhohe von 500 mm verhalt sich entgegengesetzt. Eine Erklarung hierfur ist unter Ziffer 7 gegeben. Für extrem kleine Flussigkeitsbelastungen wurde eine gegenuber anderen Werten geringe Randgangigkeit gefunden. Es ist zu vermuten, daß in diesem Falle die Bachbildung ein wesentliches Merkmal der Flüssigkeitsverteilung ist.

3. Ebenso wie die Flussigkeitsbelastung ist auch der Kolonnendurchmesser nur von geringem Einfluß auf die Randgängigkeit. Allerdings ist in vielen Fallen ein geringfugiges Absinken der gefundenen Werte mit steigendem Kolonnendurchmesser zu beobachten, wie dies bei zunehmendem Durchmesser mit besserer regelloser Schuttung der Füllkörper einfach zu erklaren ist. Lediglich fur hohe Druckverluste in der Nahe des Flutungspunktes ergeben sich abweichende Verhaltnisse, was unter obiger Ziffer 1 bereits beschrieben ist.

4. Die auffalligste und zugleich merkwurdigste Veranderung der Randgangigkeit zeigt sich bei Vergroßerung der Füllhohe bei sonst gleichbleibenden Eigenschaften des Systems. Aus den vorliegenden Meßdaten ergibt sich das folgende außerliche Bild:

Bereits kurze Zeit nach der Flussigkeitsaufgabe am Kopf der Kolonne ist die Randgangigkeit extrem hoch. Die Flussigkeit fließt jedoch dann wieder in das Innere der Fullkörperschicht zurück, um sich nach kurzer Zeit erneut am Rand zu sammeln und dann wiederum in das Kolonneninnere zuruckzufließen. Erst nach einer gewissen Füllkörperhohe bildet sich ein stationarer Zustand aus. Da trotz der Fülle der Meßwerte fur verschiedene Fullhohen aber sonst gleiche Verhaltnisse nicht genugend vergleichbare Werte vorhanden waren, wurde fur eine graphische Darstellung nicht die Fullhohe, sondern das Verhaltnis der Fullhohe zum Kolonnendurchmesser gewahlt. Die entsprechende graphische Darstellung ist in Abb. 58 wiedergegeben. Man erkennt, daß der stationare Zustand sich bei etwa

$$\frac{h}{d} = 30 \quad (68)$$

einstellt. Diese Zahl zeigt sehr gute Übereinstimmung mit von TAKEYA [*158*] gefundenen Werten. Schwankungen der Randgängigkeit waren allerdings nur bei verhaltnismaßig kleinen Flüssigkeitsbelastungen zu bemerken. Bei großerer Flussigkeitsbelastung etwa ab 3 m^3/m^2h war nur eine geringe Änderung festzustellen.

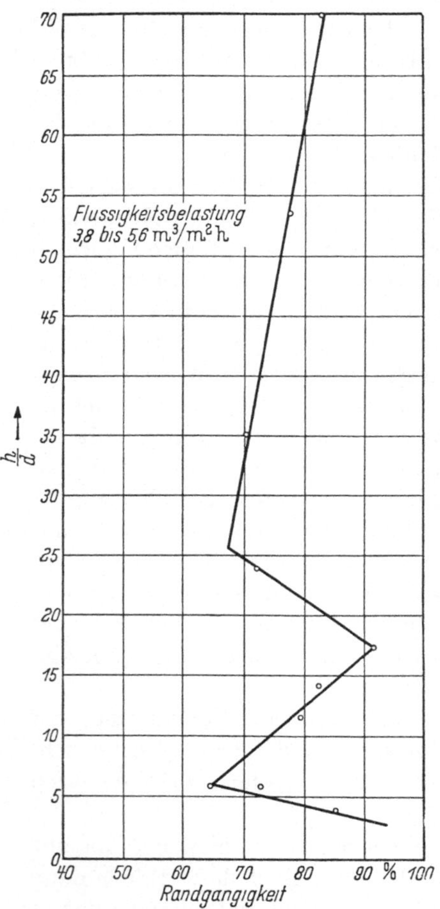

Abb 58 Abhangigkeit der Randgangigkeit von der Fullhohe

5. Wahrend unter den vorigen Ziffern eine Abhangigkeit von verschiedenen Versuchsbedingungen geschildert wurde, so vollzieht sich diese Änderung der Randgangigkeit doch nur in geringen Grenzen. Vorwiegend bewegte sich der prozentuale Anteil des an der Kolonnenwand Herabfließenden in der Großenordnung von etwa 70%. Eine wirklich entscheidende Änderung erfahrt dieser Wert erst durch Wahl einer anderen Fullkorperart. Wahrend bei den bisherigen Versuchen V4A-Wendeln mit einem Durchmesser von 4 mm gewahlt wurden, wurde zum Vergleich ein Berl-Sattel aus Porzellan von ebenfalls 4 mm Durchmesser benutzt. So konnte festgestellt werden, daß bei einer Kolonne mit einem Durchmesser von 35 mm, einer Fullhohe von 500 mm und bei einer Flussigkeitsbelastung von 8,8 m^3/m^2h die Randgangigkeit bei V4A-Wendeln 73,5% betrug, der entsprechende Wert fur Porzellan-Berl-Sattel jedoch bei 53,2% lag. Beide Versuche wurden mit Wasser/Luft als Testgemisch durchgefuhrt. Alle anderen Abhangigkeiten wie sie unter den vorigen Ziffern 1 bis 4 fur V4A-Wendeln beschrieben sind gelten auch noch fur die Porzellan-Berl-Sattel nur mit dem Unterschied daß die Werte der prozentualen Randgangigkeit entsprechend den eben genannten Verhaltnissen niedriger liegen. Man erkennt hieraus, welch

außerordentlich große Bedeutung die Wahl einer guten Form des Fullkorpers hat, wenn man Versuche durchfuhren will, bei denen eine hohe Randgangigkeit der flussigen Phase zu erwarten ist.

6. Den wesentlichsten Einfluß auf die Randgangigkeit haben jedoch die physikalischen Eigenschaften der aufgegebenen Flussigkeit. In der vorliegenden Arbeit wurden Vergleichsmessungen mit dem Testgemisch Isoamylalkohol/Luft durchgefuhrt. Die gefundenen Werte der prozentualen Randgängigkeit lagen zwischen 3 und 30%. Es sind dies Werte, die gegenuber denen der mit Wasser durchgefuhrten Versuche wesentlich niedriger liegen. Ihre Abhangigkeit vom Druckverlust ist aus dem Verlauf der Kurven Nr. *7* und *8* in Abb. 47 deutlich zu erkennen. In überschlagiger Naherung kann man sagen, daß die prozentuale Randgangigkeit bei Isoamylalkohol als flussige Phase sich gegenuber Wasser etwa um das Verhältnis der Oberflachenspannungen vermindert hat. Wahrend demnach die Kurven fur die Abhängigkeit der Randgangigkeit von der Belastung fur Isoamylalkohol eine andere Lage im Koordinatensystem haben wie die fur Wasser, so ist ihre Neigung und Form im Prinzip von den anderen nicht oder nur unwesentlich verschieden, woraus man ableiten kann, daß die Veranderung der Randgangigkeit bei Veränderung anderer Einflußgrößen sich in ähnlichem Sinne außert, wie aus den mit Wasser durchgeführten Versuchen geschlossen worden ist.

7. Eine Einflußgroße, über die bis jetzt noch nichts ausgesagt wurde und deren Existenz zunachst auch keinesfalls zu vermuten war, ist die Zeit. Es konnte namlich beobachtet werden, daß sich verschiedene Werte der gemessenen Randgangigkeit ergaben. Bei der Suche nach den hierfur maßgebenden Grunden wurde gefunden, daß die Zeitdauer des Versuches nicht ohne Einfluß auf das Meßergebnis ist Zur Klarung schien eine systematische Untersuchung notwendig. Gewahlt wurde hierfur eine Kolonne mit einem Durchmesser von 35 mm und der Fullhohe von 500 mm fur variable Flüssigkeitsmengen. In einem Fall wurden nun die Versuche nach Beginn zugig durchgefuhrt und die Werte graphisch in Abb. 59 eingetragen. Im anderen Fall wurde die Kolonne zunachst 72 Stunden lang mit Flüssigkeit berieselt und erst anschließend die Randgangigkeit gemessen. Die Meßergebnisse sind durch gestrichelte Kurven der gleichen Abbildung aufgezeichnet. Man erkennt sofort das auffallige Absinken der Randgangigkeit. Hierfur werden die folgenden Grunde vermutet:

a) Nach langerer Flussigkeitsberieselung werden die Fullkorper besser benetzt und infolgedessen resultiert eine günstigere Flussigkeitsverteilung.

b) Es wird angenommen, daß nach längerer Berieselungsdauer sich die Bachbildung vergroßert und infolgedessen einige Flussigkeit aus der Randzone abgezogen wird.

Alle obigen Beobachtungen zusammenfassend kann man also die fo gende Feststellung treffen:

Betrachtet man allgemein die Belastungsverhaltnisse in einer Ful korperkolonne, so laßt sich nicht ohne weiteres von Luft/Wasser-Ve suchen auf Verhaltnisse unter Destillationsbedingungen schließen, w

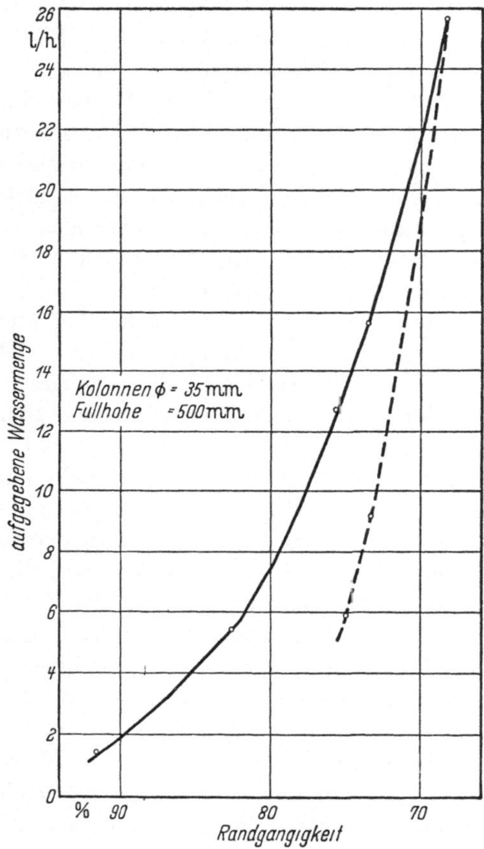

Abb 59 Randgangigkeitsmessungen in Abhangigkeit von der Berieselungsdauer

dies in der Literatur haufig geschehen ist. In den uberwiegenden Fall ist namlich die Randgangigkeit bei Versuchen mit Wasser außerorde lich hoch und kann dem Prozeß des Stoffaustausches mehr als die Hal der sich abwarts bewegenden flussigen Phase entziehen. Mit Leichtigk erklaren sich hieraus die Unterschiede bei Belastungsmessungen von v schiedenen Verfassern. Wurden zwar Randgangigkeitsmessungen vorliegenden Fall außer mit Wasser nur mit Isoamylalkohol als Fluss keit durchgeführt, so kann man doch auf Grund anderer Beobachtungen allgemein sagen, daß die Randgängigkeit bei organischen Flüssigkeiten nicht so groß ist wie bei Wasser.

4.4 Der Einfluß des Rücklaufverhältnisses auf die Belastbarkeit

Die in den vorigen Abschnitten ausgewerteten Meßergebnisse eigener Versuche und die aus Arbeiten anderer Verfasser über den Druckverlust in Abhängigkeit von der Belastung wurden nur unter totalem Rücklauf gewonnen. Diese Messungen lassen jedoch zunächst keinen Schluß darauf zu, welche Änderungen bei der Wahl eines anderen Rücklaufverhältnisses eintreten. Zur Klärung dieser Frage sollten die unter endlichem Rücklaufverhältnis durchgeführten Belastungsmessungen beitragen.

Die Versuchsergebnisse wurden in den Abb. 48 bis 50 graphisch dargestellt. Man erkennt leicht, daß für gleichbleibenden Differenzdruck der Einfluß des Rücklaufverhältnisses auf die Belastbarkeit mit fallendem Molekulargewicht der Testsubstanz sinkt. Eine Abhängigkeit im ähnlichen Sinne ergibt sich für gleiche Komponenten mit sinkendem Arbeitsdruck. Hierbei ist es besonders bemerkenswert, daß bei einem Druck von 10 Torr und darunter ein Einfluß des Rücklaufverhältnisses nicht mehr festzustellen ist.

Eine Erklärung für diese Erscheinungen läßt sich unschwer angeben:

Es ist einleuchtend, daß in einem Zweiphasensystem die Rücklaufmenge eine Verengung des freien Querschnittes verursacht. Um abzuschätzen, welche Änderungen sich voraussichtlich ergeben werden, wenn man vom unendlichen zum endlichen Rücklaufverhältnis übergeht, seien nochmals die Verhältnisse für $R = \infty$ dargestellt:

$$\frac{L}{G} = \frac{B \cdot \varrho_L}{V \cdot \varrho_G} = 1; \quad (\text{für } R = \infty) \tag{69}$$

$$\frac{B}{V} \cdot \frac{[\mathrm{m^3/m^2\,h}]}{[\mathrm{m^3/m^2\,h}]} = \frac{\varrho_G}{\varrho_L}; \quad \varrho_G = \frac{B}{V} \cdot \varrho_L. \tag{70}$$

Zur Begründung des Maßsystems muß hier eingefügt werden, daß eine Angabe der Mengen in kg an dieser Stelle unzweckmäßig ist, weil für eine Betrachtung des Querschnittes in Kolonnen in erster Linie die Angaben in Volumina maßgebend sein müssen. Das Verhältnis B/V, beide Größen gemessen in den Einheiten des oben angegebenen Maßsystems, ist je nach den Bedingungen verschieden, es wird kleiner sowohl mit kleinerem Molgewicht der gasförmigen Phase als auch mit fallendem Druck, da die Volumina umgekehrt proportional der Dichte sind. Nimmt nun der Quotient B/V einen großen Wert an, so wird auch die Veränderung des Rücklaufverhältnisses einen großen Einfluß ausüben, da einer bestimmten Destillatentnahme in kg eine im Verhältnis zur Dichte große Menge Kopfprodukt entspricht und damit der dem aufsteigenden Gas zur Verfugung stehende freie Querschnitt entscheidend vergroßert wird Hat B/V einen kleinen Wert, so ist der Einfluß einer Destillatentnahm entsprechend kleiner. Die Richtigkeit dieser Überlegungen wird durc die Versuche dieser Arbeit einwandfrei bestatigt, bei denen der Einflu des Rucklaufverhaltnisses auf die Belastbarkeit bei konstantem Druck verlust gemessen worden ist. In besonderer Darstellung wurden aus de Fulle der Meßwerte einige Daten ausgewahlt, und zwar fur 760 mr Kopfdruck und einer Druckdifferenz von 100 mmWS. Fur $R = 2$, $R =$ und $R = 7$ wurde die Belastungsanderung zunachst in Abhangigkeit vor Molekulargewicht aufgezeichnet. Die eingetragenen Punkte lagen jedoc nicht sehr gut auf einer stetigen Kurve. Es war deshalb ein naheliegende Gedanke, in eine der Koordinaten die Dampfdichte einzufuhren. In die ser Darstellung lassen sich tatsachlich die einzelnen Punkte recht gu durch eine Gerade verbinden mit der Ausnahme des Punktes fur Wasser In Abb. 60 ist die Abhangigkeit der Flussigkeitsbelastung ΔB, angegeben in Liter/h, von dem Wert $\varrho_G \cdot M$ aufgezeichnet. Fur Wasser ist anzu nehmen, daß auf Grund der verhaltnismaßig kleinen Flussigkeitsmenge

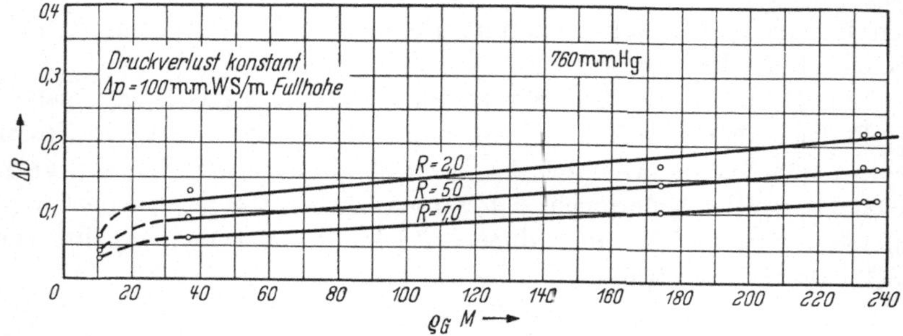

Abb 60 Belastungsmessungen in Abhangigkeit vom Rucklaufverhaltnis

eine Folge der kleinen Dampfdichte in einer Kolonne von gegebenen Ab messungen, zugleich mit der großen Oberflachenspannung die Rand gängigkeit sehr groß ist, und infolgedessen die Werte fur endliche Ruck laufverhaltnisse sich von denen bei unendlichem Rücklaufverhältnis seh wenig unterscheiden. Das ist aus der gegebenen Darstellung sehr gu zu entnehmen.

Zusammenfassend kann man auf Grund der Meßergebnisse sagen daß beim Übergang vom unendlichen Rücklaufverhaltnis zu einem end lichen die Belastungsanderung so gering ist, daß sie im allgemeinen ohn weiteres vernachlassigt werden kann. Nur bei einer Betrachtung de Belastungsverhaltnisse bei einem Rucklaufverhaltnis unter 1 zugleic mit einem großen Wert von $\varrho_G \cdot M$ fur das Kopfprodukt ist die Beachtun einer Belastungsdifferenz anzuraten.

Zusammenfassung

Die in der Literatur angegebenen Ausdrücke und Verfahren zur Beschreibung der Belastungsverhaltnisse in Fullkorpersaulen wurden zusammengestellt und kritisch verglichen. Dabei ergab sich, daß fur eine exakte Definition außerordentlich viele Einflußgroßen von Bedeutung sind. Sie alle in einem formelmaßigen Ausdruck zu erfassen, dürfte kaum moglich sein.

Insbesondere wurde unter den verschiedensten apparativen Bedingungen geprüft, in welcher Großenordnung die Randgangigkeit der flussigen Phase liegt und hierbei gefunden, daß ihr Anteil fur das System Luft/Wasser bis 85% betragen kann. Diese Erscheinung ist bisher von keinem Verfasser bei der Betrachtung der Belastungsverhaltnisse entsprechend berücksichtigt worden, im Gegenteil basieren die zahlreich angegebenen Meßwerte großtenteils auf Messungen mit Wasser als Flüssigkeit.

Um zur Abschatzung der Belastungsverhältnisse unter Destillationsbedingungen praktisch brauchbare Ergebnisse zu erhalten, erwies es sich als zweckmaßig, Ausdrucke mit empirischen Konstanten zu verwenden. Fur die Verhältnisse am Flutungspunkt ergab sich:

$$\Delta p_{\max} = 0{,}01466 \cdot p^{1{,}242} \cdot \sqrt[3]{\frac{\sigma}{\varrho_G \cdot \varrho_L \cdot \mu_G^2}} \tag{71}$$

und

$$v_{\max} = c \cdot \left(\frac{\varrho_G}{\varrho_F}\right)^{-0{,}56}. \tag{72}$$

Zur Ermittlung des Druckverlustes in Abhangigkeit von der Gasgeschwindigkeit unterhalb der Flutungsgrenze wird zur Eliminierung des Einflusses der physikalischen Eigenschaften der Gemischpartner ein graphisches Verfahren vorgeschlagen.

Die als Grundlage zur Ableitung obiger Ausdrücke bzw. Verfahren dienenden eigenen Meßwerte sowie diejenigen anderer Verfasser wurden unter Destillationsbedingungen mit unendlichem Rucklaufverhältnis gewonnen, jedoch der Nachweis gefuhrt, daß sich beim Übergang zu einem endlichen Rucklaufverhältnis die Ergebnisse vernachlassigbar geringfugig verändern.

Die vorgeschlagenen Berechnungsmethoden berücksichtigen in erster Linie den Einfluß der physikalischen Eigenschaften der Testsubstanzen. Wie die ermittelten empirischen Konstanten sich bei der Wahl anderer Füllkorper und Kolonnenabmessungen andern, ist jedoch nur angedeutet; eine genaue Analyse hierfur ist einer spateren Arbeit vorbehalten.

Schrifttumsverzeichnis

[1] ACHON, M.: An. Real Soc. españ. Física Quím., Ser. B, 48 (1950), Nr. 9, S. 181–86.

[2] ARNOLD, L. K., u. R. D. INGEBO: J. Amer. Oil. Chemists' Soc. 29 (1952) S. 23–28.

[3] BAIN, W. A., u. O. A. HOUGEN: Trans. Amer. Inst. chem. Engr 40 (1944) Nr. 25, S. 389–93.

[4] BAKER, T., T. H. CHILTON u. H. C. VERNON: Trans. Amer. Inst. chem. Engr. 31 (1935) S. 296–313.

[5] BALLARD, J. H., u. E. L. PIRET: Ind. Engng. Chem. 42 (1950) S. 1088–98.

[6] BANCROFT, A. R., u. H. K. RAE: A. E. C. L. Nr. 230, CRCE 608 (Juli 1955).

[7] BARTH, W.: Chemie-Ing.-Techn. 23 (1951) S. 289–93.

[8] BARTH, W., u. W. ESSER: Forsch. Gebiete Ingenieurwes. 4 (1938) S. 82–86.

[9] BERTETTI, I. W.: Trans. Amer. Inst. chem. Engr. 38 (1942) S. 1023.

[10] BLASIUS, H.: Forschungsarbeiten VDI (1913) H. 131.

[11] BLISS, H., A. M. ESHAYA u. N. W. FRISCH: Chem. Engng. Progr. 48 (1952) S. 627–32.

[12] BRAGG, L. B.: Ind. Engng. Chem., analyt. Edit. 11 (1939) S. 283–87.

[13] BRAGG, L. B.: Ind. Engng. Chem., ind. Edit. 33 (1941) S. 279–82.

[14] BRANDT, P. L., R. B. PERKINS jr. u. L. K. HALVERSON: Oil Gas J. 45 (Dez. 1946) S. 88–90.

[15] BRAUER, H.: Chemie-Ing.-Techn. 29 (1957) S. 520–30.

[16] BRAUER, H.: Chemie-Ing.-Techn. 29 (1957) S. 785–90.

[17] BROWNELL, L. E., H. S. DOMBROWSKI u. C. A. DICKEY: Chem. Engng. Progr. 46 (1956) S. 415–22.

[18] BUSCHMAKIN, I. N., R. W. LYSLOWA u. O. I. ANDREJEWA: J. angew. Chem. (russ.) 25 (1952) S. 315–30.

[19] CANNON, M. R.: Ind. Engng. Chem. 41 (1949) S. 1953–55.

[20] CANNON, M. R.: priv. Commun., ref. in R. T. STRUCK u. C. R. KINNEY, Ind. Engng. Chem. 42 (1950) S. 77–82

[21] CARNEY, T. P.: Laboratory Fractional Distillation, New York: McMillan 1949, S. 66.

[22] CHARI, K. S., u. J. A. STORROW: J. appl. Chem. 1 (1951) S. 45–67.

[23] Chemische Fabrik Curtius A. G. (Erf.: WEBER) D. R. P. 695.193.

[24] CHILTON, T. H., u. A. P. COLBURN: Ind. Engng. Chem. 23 (1931) S. 913–19.

[25] COLBURN, A. P.: Ind. Engng. Chem. 33 (1941) S. 459–67.

[26] COLBURN, A. P.: Trans. Amer. Inst. chem. Engr. 35 (1943) S. 211–36.

[27] COLLINS, F. C., u. V. LANTZ: Ind. Engng. Chem., analyt. Edit. 18 (1946) S. 673–77.

[28] DAVID, A.: Diss. T. H. Karlsruhe 1953.

[29] DAVID, A.: Dechema Monograph. 23 (1954) 126/77.

[30] DELL, F. R., u. H. R. C. PRATT: Trans. Instn. chem. Engr. 29 (1951) S. 89 bis 109.

[31] DELL, F. R., u. H. R. C. PRATT: J. appl. Chem. 2 (1952) S. 429–35.
[32] Destillationstechnik Dr. H. Stage, Firmenprospekt
[33] DIXON, O. G.: J. Soc. chem. Ind. 68 (1949) S. 88–91.
[34] DOERING, E.: Allg. Warmetechnik 6 (1955) S. 82–89.
[35] ECK, B.: Technische Stromungslehre, Berlin: Springer 1941, S. 79ff.
[36] EDYE, E.: Chemie-Ing.-Techn. 27 (1955) S. 651–60
[37] ELGIN, J. C., u. F. B. WEISS: Ind. Engng. Chem 31 (1939) S. 435–45.
[38] ERGUN, S.: Chem. Engng. Progr. 48 (1952) S. 89–94
[39] ERGUN, S., u. A. A. DRUING: Ind. Engng. Chem. 41 (1949) S. 1179–84.
[40] FASTOWSKY, W. G., u. J. W. PETROWSKY: J. chem. Ind. (russ.) 6 (1954) S. 357–64.
[41] FEHÉR, F.: Z. Elektrochem. angew. physik. Chem. 38 (1932) S. 53–54.
[42] FEHLING, E.: Feuerungstechnik 27 (1939) S. 33–44.
[43] FENSKE, M. R, S. LAWROWSKI, u. C. O. TONGBERG: Ind. Engng. Chem. 30 (1938) S. 297–300.
[44] FISHER jr., A. W, u. R. J. BOWEN: Chem Engng. Progr 45 (1949) S. 359–69.
[45] FORSYTHE jr, W L, T. G. STACK, J. E. WOLF u. A. L CONN: Ind. Engng. Chem. 39 (1947) S. 714–18.
[46] FRIEND, L., u. W E. LOBO: Ind. Engng. Chem. 31 (1939) S. 597–607.
[47] FURNAS, C. C.: Bureau of Mines, Bulletin 307 (1929).
[48] FURNAS, C. C., u. M. L. TAYLOR: Trans. Amer. Inst. chem. Engr. 36 (1940) S. 135–71.
[49] GARDNER, G. C.: Chem. Engng. Sci. 5 (1956) S. 101–14.
[50] GARNER, F H., S R. M. ELLIS u. W. H. GRANVILLE: J. appl. Chem 5 (1955) S. 105–09.
[51] GOLDSBARRY, A W, u. R. J. ASKEVOLD: Proc. Amer. Petroleum Inst 26 III (1946) S. 18–22.
[52] GRANVILLE, W. H.: Ph. D. Thesis, Univ. Birmingham 1954.
[53] GRASSMANN, W.: Chemie-Ing.-Techn. 28 (1956) S. 270–74; 29 (1957) S 497 bis 504.
[54] GRASSMANN, W.: Maschinenbau u. Warmewirtschaft 12 (1957) Nr. 3, S. 61–70.
[55] GREENAWAY, D.: Chem. Engng. Sci. 9 (1959) S. 197–201.
[56] Griffin & Tatlock Ltd., London, Prospekt IT-10385.
[57] HAGEN, G.: Poggendorfs Annalen 46 (1839) S. 423.
[58] HANDS, C. H. G., u. F. R. WHITT: J. appl. Chem. 1 (1951) S 19–25.
[59] HANDS, C. H. G., F. R. WHITT u. K. S. GREGORY: J. Soc. chem. Ind. 69 (1950) S. 321–30.
[60] HAWKINS, J. E, u. J. A. BRENT: Ind. Engng. Chem. 43 (1951) S. 2611–21.
[61] HAYTER, A. J.: Ph. D. Thesis, Univ. London 1950.
[62] HAYTER, A. J.: Ind. Chemist 28 (1952) Nr. 2, S. 59–64.
[63] HEERE, P. N.: A. P. 2, 639, 130 v. 27. 11. 1948 ausgest. 19. 5. 1953.
[64] HERMANN: T. H. Aachen 1929, zitiert in B. Eck [35] S. 89.
[65] HESKY, H.: Dechema Monograph. 29 (1957) S. 354–63.
[66] HEYWOOD, H.: Proc. Instn. mechan. Engr. 125 (1933) S. 383.
[67] HINTON, A. E.: „Technical Data on Fuel“. Brit. National Commun., World Power Conferenee; London 1942, S. 80.
[68] HOFFING, E. H., u. F. I. LOCKHART: Chem. Engng. Progr. 50 (1954) S. 94 bis 103.
[69] JOHN, H. J., u. C. E. REHBERG: Ind. Engng. Chem. 41 (1949) S. 1056–58.
[70] JOHNSTONE, H. F.: Trans. Amer. Inst. chem. Engr. 38 (1942) S. 25–51.
[71] KAFAROW, W. W., u. L. I. BEJACHMAN: J. angew. Chem. (russ.) 23 (1950) S. 244–55.

[72] KIRSCHBAUM, E.: Z. Ver. dtsch. Ing., Beih. Verfahrenstechn. 1941, Nr. 3, S. 53–58.
[73] KIRSCHBAUM, E.: Z. Ver. dtsch. Ing., Beih. Verfahrenstechn. 1943, Nr. 4, S. 113–15.
[74] KIRSCHBAUM, E.: Z. Ver. dtsch. Ing., Beih. Verfahrenstechn. 1944, Nr. 2, S. 33–37.
[75] KIRSCHBAUM, E.: Angew. Chem. B 19 (1947) S. 13–14.
[76] KIRSCHBAUM, E.: Angew. Chem. B 19 (1947) S. 33–35.
[77] KIRSCHBAUM, E.: Angew. Chem. B 20 (1948) S. 197–200.
[78] KIRSCHBAUM, E.: Destillier- und Rektifiziertechnik, 2. Aufl., Berlin: Springer 1950, S. 60.
[79] KIRSCHBAUM, E.: Chemie-Ing.-Techn. 28 (1956) S. 639–44.
[80] KIRSCHBAUM, E.: D. B. P. 918.638 v. 28. 6. 1952 ert. 19. 8. 1954.
[81] KIRSCHBAUM, E., W. BUSCH u. R. BILLET: Chemie-Ing.-Techn. 28 (1956) S. 475–80
[82] KIRSCHBAUM, E., u. A. DAVID: Chemie-Ing.-Techn. 25 (1953) S. 592–94.
[83] KLING, G : Chemie-Ing.-Techn. 25 (1953) S. 557–64.
[84] KLIPPEL, G.: Diss. Univ. Hamburg 1958.
[85] KOLLING, H.: Chemie-Ing.-Techn. 24 (1952) S. 405–11.
[86] KRELL, E.: Chem. Techn. 5 (1953) S. 581–87.
[87] KUHN, W : Helv. chim. Acta 25 (1942), S. 252–95.
[88] KUHN, W.: Helv. chim. Acta 35 (1952) S. 1684–1736.
[89] KUHN, W.: Helv. chim. Acta 37 (1954) S. 1407–22.
[90] KUHN, W., u. K. RYFFEL: Helv. chim. Acta 26 (1943) S. 1693–1721.
[91] LAXTON, E. L., u. R. L. HUBER: Thesis, Univ. of North Carolina 1934.
[92] LERNER, B. J., u. C. S. GROVE jr.: Ind. Engng. Chem. 43 (1951) S 216–25.
[93] LEVA, M.: Tower Packings and Packed Tower Design, 2. Aufl., Akron: The United States Stoneware Comp. 1953, S. 37.
[94] LEVA, M.: Chem. Engng. Progr. Sympos. Ser. 50 (1954) Nr. 10, S. 51–59.
[95] LEVA, M.: A. J. Ch. E. J. 1 (1955) S. 224–30.
[96] LEVA, M , u. M. GRUMMER: Chem. Engng. Progr. 43 (1947) S. 549–54, S. 633–38 u. S. 713–18.
[97] LEVA, M., J. M. LUCAS u. H. H. FRAHME: Ind. Engng. Chem. 46 (1954) S. 1225–28.
[98] LEWIS, F. M.: Ind. Engng. Chem., analyt. Edit. 13 (1941) S. 418–19.
[99] LOBO, W. E., L. FRIEND, F. HASHMALL u. F. ZENZ: Trans. Amer. Inst. chem. Engr. 41 (1945) S. 693–710.
[100] LUBIN, B. L.: Ph. D. Thesis, Univ. of Missouri 1949.
[101] MACH, E.: VDI-Forschungsh. Nr. 375 (1936).
[102] McL. WHITE, A.: Trans. Amer. Inst. chem. Engr. 31 (1935) S. 390–408.
[103] MACURA, H., u. H. GROSSE-OETRINGHAUS: Brennstoff-Chem. 19 (1938) S. 437–39.
[104] MACURA, H., u. H. GROSSE-OETRINGHAUS: Oel u. Kohle verein. Erdol u. Teer 15 (1939) S. 591–600.
[105] McWILLIAMS, J. A., H. R. C. PRATT, F. R. DELL u. D. A. JONES: Trans. Instn. chem. Engr. 34 (1956) S. 17–43.
[106] MAYO, F., T. G. HUNTER u. W. NASH: J. Soc. chem. Ind., Trans. and Commun. 54 (1935) S. 375–85.
[107] Metallgesellschaft A. G. (Erf.: O. HUBMANN, E. SIEBERT, H. MAIER u. R. JAUERNIK) D. B. P. 812.246 v. 24. 12. 1949, ert. 28. 6. 1951.
[108] MOLSTAD, M. C., R. E. ABBEY, A. R. THOMSON u. J. S. McKINNEY: Trans. Amer. Inst. chem. Engr. 38 (1942) S. 387–409.

[*109*] MORTON, F., D. G. CERIGO u. P. J. KING: Trans. Instn. chem. Engr. 34 (1956) S. 146–54.
[*110*] MORTON F. u. P. J. KING: Trans. Instn. chem. Engr. 34 (1956) S. 155–67.
[*111*] MYLERS M. J. FELDMAN, J. WENDER u. M. ORCHIN: Ind. Engng. Chem. 43 (1951) S. 1452–56.
[*112*] NERHEIM A S., u. R. A. DINERSTEIN: Analytic. Chem. 28 (1956) S. 1029–33.
[*113*] NEW, A. E.: Thesis, Univ. of North Carolina 1934.
[*114*] NEWTON, W. M., J. W. MASON, T. B. METCALFE u. C. O. SUMMERS: Petroleum Refiner 31 (1952) Nr. 10, S. 141–43.
[*115*] NEWTON, W M, T. B. METCALFE u. J. W. MASON: Petroleum Refiner 32 (1953) Nr. 10, S. 125–28.
[*116*] NIKURADSE, J: VDI-Forschungsh. Nr. 361 (1933).
[*117*] NORMAN, W. S: Ind. Chemist 25 (1949) S. 42–53
[*118*] O'GORMAN, J. M: Ind. Engng. Chem., analyt. Edit. 19 (1947) S. 506.
[*119*] OLDERSHAW, C. F.: Ind. Engng. Chem. 13 (1941) S. 265–68.
[*120*] OTHMER, D. F., u. E. G. SCHEIBEL: Trans. Amer. Inst. chem. Engr. 45 (1941) S. 211–36.
[*121*] PERKTOLD, F.: Angew. Chem. B 19 (1947) Nr. 7, S. 184–85.
[*122*] PETERS, M. S., u. M. R. CANNON: Ind. Engng. Chem. 44 (1952) S. 1452–59.
[*123*] PIRET, E. L., C. A. MANN u. T. WALL jr.: Ind. Engng. Chem. 32 (1940) S. 861–63.
[*124*] POISEUILLE, J. L.: C. R. hebd. Séances Acad. Sci. 11 (1840).
[*125*] PRANDTL, L.: Stromungslehre, 3. Aufl, Braunschweig: Viehweg & Sohn 1942, S. 96ff.
[*126*] PRANDTL, L.: loc. cit. S. 111ff., 148ff.
[*127*] PRATT, H. R. C.: Trans Instn. chem. Engr. 29 (1951) S 195–214.
[*128*] REED, T. M., u M. R. FENSKE: Ind. Engng. Chem. 42 (1950) S. 654–60.
[*129*] REYNOLDS, O.: Philos. Trans. Roy. London, Papers II (1883) S. 51.
[*130*] ROLLET, A. P.: Bull. Soc. chim. France, Mém. 1952, S. 539–44.
[*131*] ROSE, W. B., u. F. D. HIGBY: Thesis, Univ. of North Carolina 1934.
[*132*] SAKIADIS, B. C., u. A. I. JOHNSON: Ind. Engng. Chem. 46 (1954) S. 1229–39.
[*133*] SARCHET, B. R.: Trans. Amer. Instn. chem 38 (1942) S. 283.
[*134*] SAWISTOWSKI, H.: Chem. Engng. Sci. 6 (1957) S. 138–40.
[*135*] SCHNEIDER, G.: Chem Fabrik 14 (1941) S. 111.
[*136*] SCHOENBORN, E. M., u. W. J. DOUGHERTY: Trans. Amer. Inst. chem. Engr. 40 (1944) S. 51, 402.
[*137*] SCHULTE-VIETING, H. J.: Chemie-Ing.-Techn. 27 (1955) S. 507–12.
[*138*] SCHULTZE, G. R., u. H. STAGE: Fiat Report Nr. 1133 (1947).
[*139*] SCHULTZE, G. R, u. H. STAGE: Dechema Monograph. 14 (1950) S. 17–40.
[*140*] SCOFIELD, R. C.: Chem. Engng. Progr. 46 (1950) S. 405–14.
[*141*] SCOTT, A. H.: Trans. Instn. chem. Engr. 13, Teil II (1935) S. 211.
[*142*] SHERWOOD, T. K., G. H. SHIPLEY u. F. A. HOLLOWAY: Ind. Engng. Chem. 30 (1938) S. 765–69.
[*143*] SHULMAN, H. L., u. J. J. DEGOUFF: Ind. Engng. Chem. 44 (1952) S. 1915–22.
[*144*] SHULMAN, H. L., C. F. ULLRICH, A. Z. PROULX u. J. O. ZIMMERMAN: 1 (1955) S. 252–58.
[*145*] SHULMAN, H. L., C. F. ULLRICH u. N. WELLS: A. I. Ch. E. J. 1 (1955) S. 247–53.
[*146*] SHULMAN, H. L., C. F. ULLRICH, N. WELLS u. A. Z. PROULX: A. I. Ch. E. J. 1 (1955) S. 259–64.
[*147*] SIZMANN, R., u. B. STUKE: Chemie-Ing.-Techn. 27 (1955) S. 669–75.
[*148*] SONNTAG, G.: Wiss. Zschrft. der T. H. Dresden 7 (1957/58) S. 487–502.

[149] STAGE, H.: Erdol u. Kohle 3 (1950) S. 377–83.
[150] STAGE, H.: Dechema-Monograph. 15 (1950) S. 156–70.
[151] STAGE, H.: Chemie-Ing.-Techn. 22 (1950) S. 374–75.
[152] STAGE, H.: Vortrag Goslar und Munchen (1951) ref. in Chemie-Ing.-Techn 23 (1951) S. 444.
[153] STAGE, H.: Fette Seifen einschl. Anstrichmittel 53 (1951) S. 677–82; 55 (1953) S. 217–24, 284–90 u. 375–80.
[154] STRUCK, R. T., u. C. R. KINNEY: Ind. Engng. Chem. 42 (1950) S. 77–82.
[155] STURMANN, O. H.: Diss. Univ. Hamburg 1937.
[156] STUKE, B.: Chemie-Ing.-Techn. 25 (1953) S. 677–82.
[157] SUROWIEC, A. J., u. C. C. FURNAS: Trans. Amer. Inst. chem. Engr. 38 (1942 S. 53–89.
[158] TAKEYA, G.: Bull. Fac Engng. Hokkaido Univ. (1952) Nr. 6, S. 139–56.
[159] TONGBERG, C. O., D. QUIGGLE u. M. R. FENSKE: Ind. Engng. Chem., ind Edit. 26 (1934) S. 1213–17.
[160] UCHIDA, S., u. S. FUJITA: J. Soc. chem. Ind., Japan, suppl. Binding Kogyo Kwagaku Zasshi 37 (1934) S. 724–791.
[161] UCHIDA, S., u. S. FUJITA: J. Soc. chem. Ind., Japan, suppl. Binding Kogyo Kwagaku Zasshi 39 (1936) S. 886.
[162] VIELSTICH, W.: Chemie-Ing.-Techn. 28 (1956) S. 543–51.
[163] WALKER, W. H, W. K. LEWIS, W H. MCADAMS u. E. R. GILLILAND: Principles of Chemical Engineering, New York u. London: McGraw-Hill 1937 S. 37.
[164] WARNER, B. R.: Ind. Engng. Chem., analyt. Edit. 15 (1943) S 637–38.
[165] WEIMANN, M.: Z. Verein dtsch. Chemiker, Beih. Nr. 6 (1933). Auszug in Chem. Fabrik 6 (1933) S. 411–13.
[166] WEINTRAUB, M, u. M. LEVA: Chem. Engng. 57 (1950) Nr. 1, S. 110–13.
[167] WEISMAN, J., u. C. E. BOUILLA: Ind. Engng. Chem. 42 (1950) S. 1099–1105
[168] WEN, C. Y., H. P. SIMONS u. M. LEVA: West-Virginia Univ. Bull. Ser. 54 (1953) Nr. 3–3, Engng. Experiment Station Res. Bull Nr. 26.
[169] WESTHAVER, J W.: Ind. Engng. Chem. 34 (1942) S. 126–30.
[170] Wilhelm Schmidding, Firmenprospekt „Labodest" (1951).
[171] WOLF, F., u. W. GUNTHER: Dechema Monograph. 29 (1957) S. 364–77.
[172] YOSHIDA, F., T. KOYANAGI, T KATAYAMA u. H. SASAI: Ind. Engng. Chem 46 (1954) S. 1756–62.
[173] ZENZ, F. A.: Chem. Engng. Progr. 43 (1947) S. 415–28.
[174] ZENZ, F. A.: Chem. Engng. 60 (1955) Nr. 8, S. 176–84.
[175] ZUIDERWEG, F. J.: Laboratory Manuel of Batch Distillation, New York Interscience Publishers 1957, S. 60–62.

Namen- und Sachverzeichnis

721/59/61